Ecole Spéciale de Travaux Publics.

Ecole pratique des Ingénieurs de Travaux.

Mr Léon Eyrolles, Ingénieur - Directeur.

Section du Bâtiment.

Cours raisonné et détaillé du Bâtiment.

7ème Partie.

Travaux complémentaires : Couverture. — Vitrerie. — Peinture; &c.ª

Professeur : M. G. Espitallier, Lt Colonel du Génie;
Ancien Professeur du Cours de Construction à l'École d'application de Fontainebleau.

Paris,
Ecole Spéciale de Travaux Publics.
12, Rue Du Sommerard et 3, Rue Thénard. (Boul.d St. Germain).
1905.

Couverture des Bâtiments.

Chapitre 1er.

Couvertures en tuiles.

§ 1. — Généralités.

1. — La _couverture_ d'un bâtiment est constituée par l'ensemble des matériaux imperméables que l'on dispose sur la charpente du comble pour empêcher l'eau ou la neige de pénétrer dans l'intérieur de la construction.

2. — Elle doit être _légère_ pour ne pas charger inutilement la charpente et _solide_ pour résister à l'action du vent tendant à soulever les éléments qui la composent et à les arracher de leurs attaches.

Si elle est composée de lames métalliques de dimensions relativement grandes, on devra disposer celles-ci de manière à assurer leur dilatation

3. — Certains matériaux sont combustibles ; ce sont :

le carton goudronné, le chaume, les bardeaux en bois. Bien que le premier soit employé fréquemment pour recouvrir des baraques ou des hangars provisoires, on peut dire que, d'une manière générale, les matériaux combustibles doivent être proscrits comme offrant trop de chances d'incendie. Les véritables matériaux de couverture doivent être incombustibles.

4. — Ce sont : les tuiles de toutes formes ; les ardoises, les métaux en lame : plomb, cuivre, zinc, tôle galvanisée, le verre.

Il convient de classer à part un mode spécial de couverture des terrasses en ciment de bois ou bois-ciment. En outre, et depuis quelques années, on a fait des combles en ciment armé revêtus d'une carapace de même nature.

Voligeage et lattis.

5. — Les tuiles, les ardoises et les métaux malléables (plomb, cuivre, zinc en lames non cannelées) ne reposent pas directement sur les chevrons. On interpose, soit un voligeage, soit un lattis, destiné à les supporter et à les fixer. L'épaisseur du voligeage, sa disposition même et l'équarissage des lattes varient suivant la nature de la couverture.

Les voliges le plus souvent employées sont en peuplier de 13 millimètres d'épaisseur et de 8 à 11 centimètres de largeur. On en constitue soit un plancher plein, soit une claire-voie avec des intervalles plus ou moins grands. Les voliges sont placées horizontalement.

Disposées à 45°, elles contribueraient sans doute à contre-venter la toiture dans son plan; mais, dans le cas, par exemple, d'ardoises qui sont fixées par deux clous, il importe que ces deux clous s'enfoncent dans la même volige, sans quoi les deux voliges auxquelles ils seraient fixés éprouvant des retraits ou des gonflements indépendants et inégaux, les clous tiraillés en sens contraire finiraient par briser la pièce qu'ils retiennent.

Lorsqu'on emploie un lattis, celui-ci est composé de lattes en chêne, en sapin ou en peuplier, de 27 × 27 ᵐ/ₘ ou de 30 × 30 ᵐ/ₘ suivant la nature des matériaux employés et l'écartement des chevrons.

Chanlatte. 6. — Lorsque la couverture est formée de petits matériaux, tuiles ou ardoises, on est forcé, pour éviter l'introduction de l'eau, de poser les rangées successives, chacune à recouvrement sur la rangée immédiatement inférieure. Il en résulte que la pente de chaque tuile ou ardoise est plus faible que celle du chevronnage.

La première rangée, toutefois, ne peut être maintenue à la même inclinaison que les autres qu'on la calant convenablement, ce que l'on fait au moyen d'une petite pièce de bois clouée sur le bord des chevrons et dont la section est trapézoïdale. — C'est ce

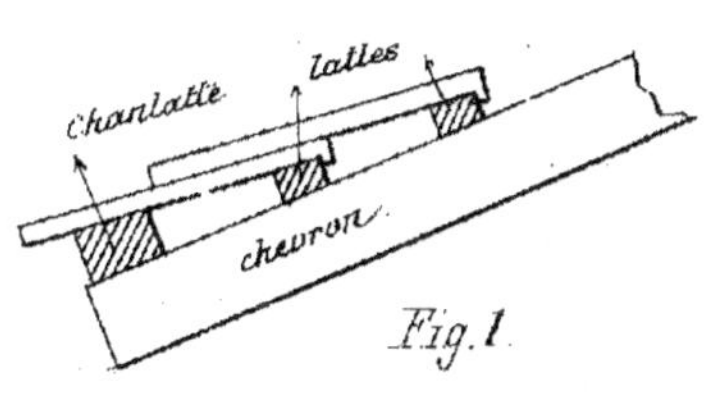

qu'on nomme la _chanlatte_.

Égout.   7. — L'eau de pluie coulant le long du pan de toiture s'égoutte par le bord de la première rangée de tuiles, soit directement, soit dans une gouttière ou dans un cheneau; suivant la disposition adoptée, on a :

L'_égout pendant_, lorsque les chevrons sont passants, c'est-à-dire dépassent le nu du mur;

L'_égout simple_, lorsque les chevrons s'arrêtent à la sablière, l'eau s'égoutte dans un cheneau supporté par la corniche;

l'_égout retroussé_, lorsque pour atteindre le bord de la corniche, on est obligé de rompre la pente du toit, et de

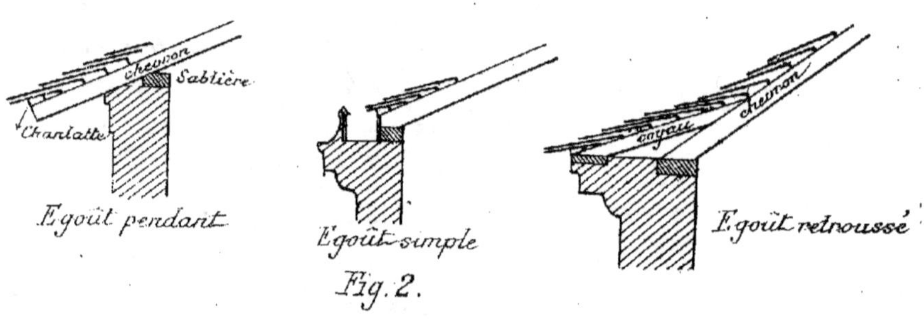

Égout pendant   Égout simple   Égout retroussé

Fig. 2.

l'adoucir à son extrémité, au moyen d'un _coyau_.

Pente de la couverture.   8. — La pente de la toiture ne peut varier qu'entre de certaines limites appropriées au genre de couverture adopté.

D'une manière générale, il ne faut pas que cette inclinaison soit trop faible, afin que l'eau chassée par le vent ne puisse pas remonter la pente entre les éléments de la couverture et tomber dans l'intérieur.

Elle ne doit pas être non plus trop forte si ces éléments reposent uniquement par leur propre poids et ne sont pas accrochés : c'est le cas des tuiles creuses, qui pourraient glisser sur une pente supérieure à 27° ou 30°.

Enfin, l'inclinaison peut être d'autant plus grande que les matériaux sont plus solidement fixés et présentent une plus grande résistance au vent qui tend à les soulever.

En effet, si p est le poids de la tuile ou de l'ardoise, la force qui s'oppose au soulèvement est la composante normale N, et l'on a évidemment :

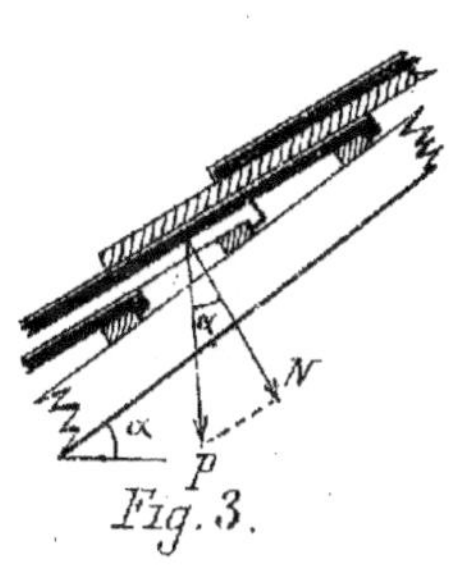

Fig. 3.

$$N = p \cos \alpha .$$

α étant l'angle d'inclinaison du toit ; or $\cos \alpha$ diminue à mesure que cet angle augmente.

9. — Nous indiquons dans le tableau suivant les limites d'inclinaison correspondant aux divers genres de couverture, et les poids par m². carré.

Tableau.

Nature des Matériaux	Limites de pentes		Poids par mèt. carré
	Inférieure	Supérieure	
Tuiles plates	27 °	45 °	80. à 90 Kilos
— creuses	21 °	27 °	
— mécaniques	21 °	45 °	45 ^{k}.
Ardoises clouées	30 °	90 °	20. ^{k} à 30. ^{k}
— avec crochets..	40 °	90 °	
Zinc, en grandes feuilles..	3 °	90 °	10 ^{k}.
— en petites — ..	21 °	45 °	6. ^{k} à 8. ^{k}

10. — On peut représenter graphiquement les limites de pente par le diagramme suivant :

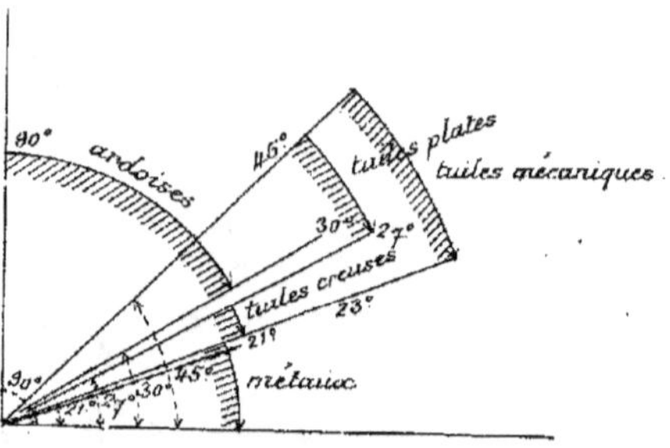

Fig. 4.

11. — Il est commode d'adopter une inclinaison de 26° ½ correspondant à une pente de ½ ou 0^{m},50 par-

mètre, aussi cette pente est-elle fréquemment employée.

§. 2. — Couverture en tuiles.

Tuiles creuses, de Bourgogne ou de Lorraine.

12. Les tuiles les plus anciennement usitées sont les tuiles creuses. À cause de leur poids, elles tendent de plus en plus à disparaître ; on en trouve cependant encore dans certaines régions, en France.

Les tuiles creuses ordinaires, ou cylindro-coniques, (de 35 à 55 cm. de long) sont posées, d'abord en files parallèles, la concavité tournée en dessus, suivant la ligne de plus grande pente, pour chaque file, la tuile supérieure s'emboîte de quelques centimètres par son petit bout dans la tuile inférieure, de manière à assurer l'écoulement de l'eau. On pose ensuite des files nouvelles présentant leur convexité en dessus et recouvrant les bords correspondants

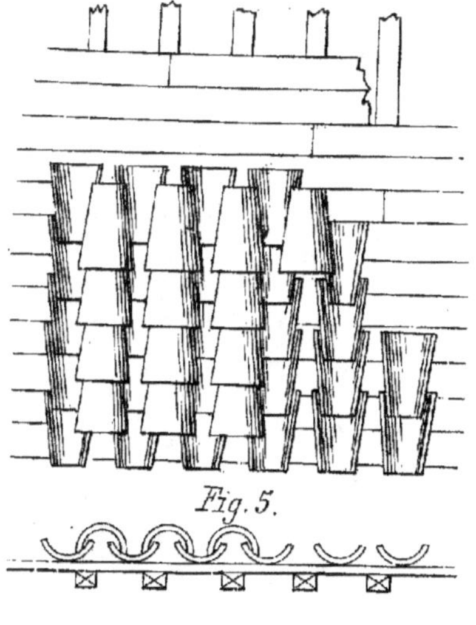

Fig. 5.

de deux files voisines inférieures. Limite de pente : 27°.

On les pose sur lattis ou mieux sur plancher, en com-
mençant par le bord inférieur de la toiture. Le premier
rang est calé sur l'extrême bord par des éclats de tuile;
la deuxième rangée est posée avec un recouvrement de ⅓,
et ainsi de suite; la partie de chaque rang qui reste visible s'appelle le pureau; elle est ainsi des ⅔ de la longueur de la tuile.

Lorsque les files de tuiles concaves qu'on appelle chanées et qui forment les rigoles destinées à rassembler les
eaux d'écoulement, sont posées, on dispose les files de tuiles convexes qu'on appelle chapeaux.

Une file de tuiles placées longitudinalement sur le
faîte, recouvre les deux pans de quelques centimètres. Le
plus souvent on pose le premier rang (près de l'égout) et
le dernier rang près du faîtage, ainsi que la file faîtière,
à bain de mortier ou au plâtre.

Tuiles romaines modernes.

13. — Dans les couvertures en tuiles romaines, on
se sert de tuiles de deux modèles différents. Les chanées,

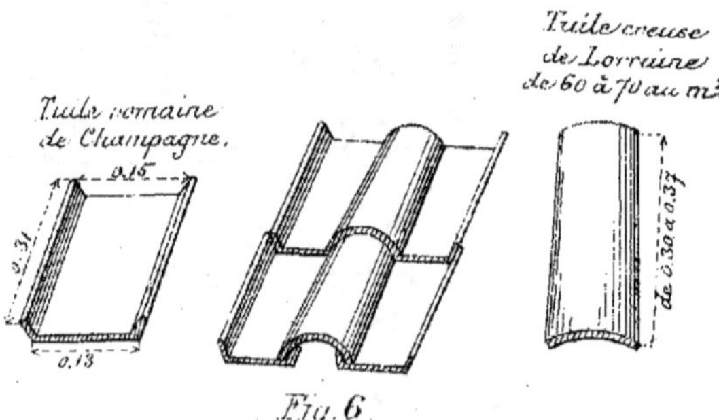

Fig. 6.

ou (tegulæ) sont plates avec des rebords latéraux ; leur forme trapézoïdale permet l'emboîtement des rangées successives. Les chapeaux ou (imbrices) sont des tuiles creuses ordinaires, demi-tronconiques.

L'ensemble de la couverture pèse moins que la précédente (environ 45 ^{k} le m^{2}).

On désigne aussi les chanées sous le nom de tuiles de Champagne et les chapeaux sous le nom de tuiles de Lorraine.

Tuiles plates. 14. — Les tuiles plates sont des carreaux en terre cuite de forme rectangulaire et dont l'épaisseur varie suivant les dimensions. Elles présentent parfois leur petit côté inférieur arrondi. Un des petits côtés porte sur la face inférieure un mentonnet qui sert à accrocher la tuile au lattis. Celui-ci est formé de lattes de chêne qui ont 1^{m}30 de longueur, 34$^{m/m}$ de largeur et 7$^{m/m}$ d'épaisseur.

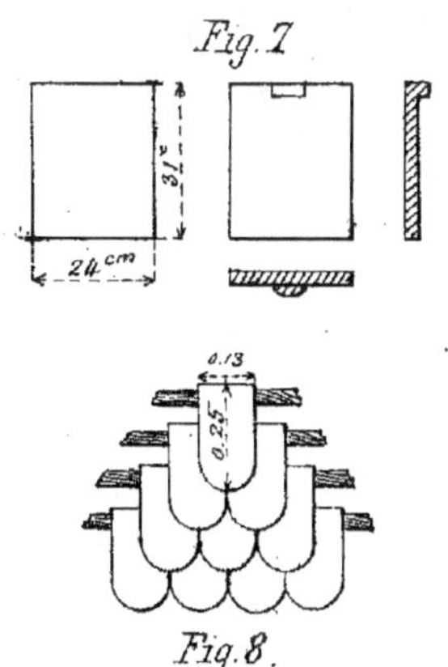

Fig. 7

Fig. 8.

Les lattis sont cloués sur les chevrons en les espaçant de 1/3 de la longueur de la tuile. Chaque tuile recouvre ainsi celle qui la précède immédiatement en dessous des 2/3 de sa longueur, et le __pureau__, c'est-à-dire la partie visible de chaque rangée, est de 1/3 de cette longueur de tuile. Sur toute l'étendue de la couverture, il y a donc trois épaisseurs de tuile superposées en chaque point.

En outre, la pose de chaque rangée se fait en plaçant les tuiles à cheval sur les joints longitudinaux de la rangée précédente (V. fig. 3 et fig. 9).

Ce dispositif a pour résultat que tout joint correspond à une partie pleine immédiatement au dessous, de telle sorte que l'eau de pluie ne peut jamais filtrer jusqu'à l'intérieur de la construction.

15. — Les dimensions des tuiles plates sont les suivantes :

	Longueur	Largeur	Épaisseur	Poids	Pureau	Nombre par m²
Grand moule.	31 cm.	24 cm.	1 cm,57 à 1 cm,9	1 k,95 à 2 k,4	11 cm.	42
Petit moule..	25,7	18, 3	1, 8 à 1,4	1 k,32	8 .	64

Poids au mèt².   16. — Par suite des trois épaisseurs qui sont partout nécessaires, ce genre de couverture est lourd ; il pèse de 85 à 90 k par mètre carré.

Mise en place.   17. — On commence, comme toujours, la pose de la couverture par le bas et sur les 2 pans à la fois, de manière à charger symétriquement la charpente et l'empêcher de se déverser. Le rang inférieur se pose sur mortier, avec une légère saillie sur le bord de la corniche. Ce premier rang est doublé d'un second à joints croisés, qu'on appelle _doublis_.

Tranchis.

18. — Si la toiture est composée de plans rectangulaires, on arrête la couverture au bord rampant en employant alternativement des tuiles entières et des demi-tuiles. Mais lorsque la toiture comporte une croupe et par suite, un arêtier coupant le plan obliquement, on peut user de la méthode suivante :

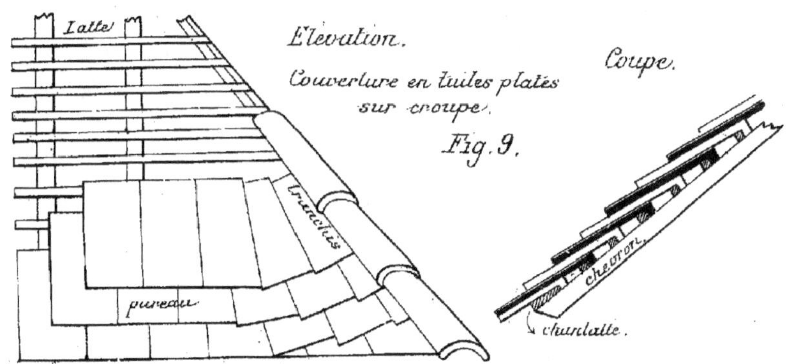

On oblique progressivement les dernières tuiles en approchant de l'arêtier, ce qui oblige à les couper de manière à leur donner la forme d'un trapèze ; mais il faut avoir soin de conserver intact le mentonnet qui, seul, les assujettit sur le lattis. C'est ce qu'on appelle faire un _tranchis_.

Couverture des Bâtiments.

Faîtières et Arêtiers.

19. — Quant aux arêtes saillantes, telles que les arêtiers et le faîtage, on les recouvre d'une file de tuiles creuses posées à bain de mortier ou de plâtre.

Noues.

20. — On pourrait en agir de même pour les noues et disposer une file de tuiles creuses tournées la concavité en dessous. Toutefois ce canal pourrait n'être pas suffisant pour évacuer l'eau des fortes pluies qui déborderaient alors à l'intérieur du bâtiment ; il est préférable de faire les noues en zinc.

Solins et Ruellés.

21. — Enfin, lorsqu'un pan de toiture rencontre un mur vertical, pour empêcher l'eau de pénétrer par les joints de rencontre, on fait un bourrelet de mortier ou de plâtre recouvrant en partie la tuile et se raccordant avec l'enduit du mur. C'est ce que l'on appelle un _solin_ d'une manière générale, et plus particulièrement dans le cas des toitures, on lui donne le nom de _ruellée_.

Les solins ou ruellés peuvent également se faire au moyen d'une bande de zinc retournée verticalement le long du mur et noyée sous l'enduit.

Tuiles pannes ou Tuiles flamandes.

22. — Les _tuiles-pannes_, ou _tuiles flamandes_, parfois employées dans le nord de la France, présentent un profil transversal en ∼ plus ou moins aplati de telle sorte qu'après la pose la toiture présente des ondulations régulières.

Un fort mentonnet assure l'accrochage sur les

Couvertures en tuiles.

lattes et sous une inclinaison assez forte (30° à 40°).
Le recouvrement de deux tuiles voisines est de 5 ^{cm}.

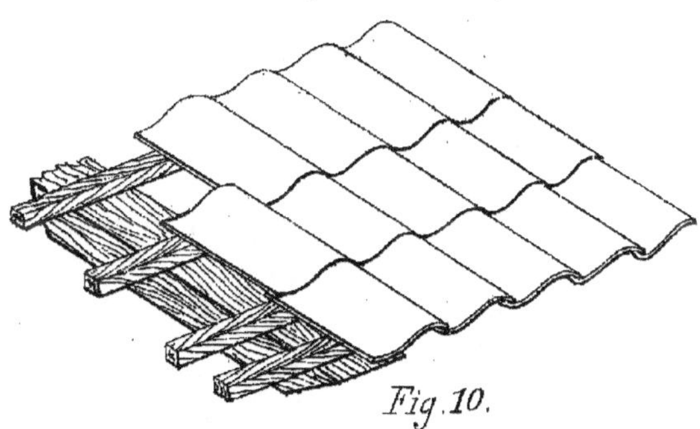

Fig. 10.

Il en est de même de celui d'une rangée sur la rangée
inférieure. On mastique le plus souvent les joints au
mortier.

Grand modèle : 35 × 35 cm., épais: 16 mm., 15¼ au m².
Autres modèles: 29 × 26 et 31 × 21.

Tuiles mécaniques
ou
à emboîtement.

23.— Les tuiles ordinaires, plates ou creuses, donnent
des couvertures très lourdes, par suite de l'importance des
recouvrements. La fabrication, au moyen de machines
donnant des pièces d'une grande régularité, a permis de
réduire beaucoup les recouvrements en adoptant des
formes particulières à emboîtement. Ce sont les frères
Gilardoni d'Altkirch qui fabriquèrent les premières
tuiles à emboîtement, en 1841. Les canaux creusés
dans la tuile, avec des rebords convenables, assurent

Couverture des Bâtiments.

l'écoulement facile et s'opposent efficacement aux infiltrations par les joints. Les couvertures de ce genre sont ainsi particulièrement étanches en même temps que très légères (45^k en moyenne).

Chaque tuile porte sur le côté gauche de la face supérieure une rainure et le côté droit présente la forme complémentaire saillante, c'est-à-dire une languette sur la face inférieure, susceptible de pénétrer dans la rainure de la tuile voisine, ce qui permet de poser facilement tout d'abord une rangée horizontale. Le bord supérieur se relève de manière à empêcher l'eau de remonter. Chaque tuile de la rangée immédiatement supérieure se place à cheval sur un joint de la première. Elle porte un rebord inférieur descendant devant le relèvement supérieur des tuiles qu'elle recouvre. Ce rebord toutefois doit franchir les languettes et saillies qui forment

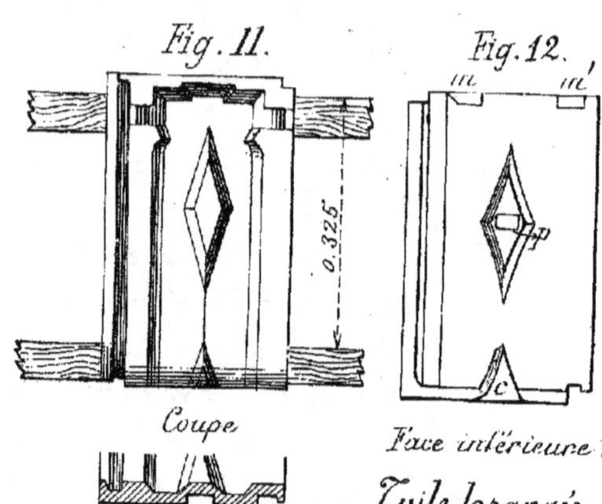

Tuile losangée

l'emboîtement longitudinal de la rangée inférieure ; c'est ce qui motive le creux C ménagé en bas de la tuile et en dessous. A ce creux correspond un relief sur la face vue ; on lui donne souvent la forme d'un fer-de-lance, mais cette forme peut varier à l'infini, comme le montrent les divers modèles dont nous donnons des exemples et qui sont empruntés aux albums des maisons Émile Müller, d'Ivry-Seine, et Gilardoni frères, de Pargny-sur-Saulx (Marne).[1] Parmi ces modèles, on en remarquera qui ne se posent pas à cheval sur le joint du rang inférieur ; ce type, qui ne nécessite pas de demi-tuiles pour les rampants droits, sont aussi d'un effet plus décoratif.

24. — Les tuiles sont accrochées sur le lattis (de $27^{m.m.}$ ou $30^{m.m.}$) par deux mentonnets (m m'). Elles portent en outre, à peu près à moitié de leur longueur un panneton p percé d'un trou, où l'on passe un fil de fer galvanisé, qui s'attache sur la latte infé-rieure. (fig. 11.)

Le pannetonnage, destiné à empêcher la tuile de se soulever, n'est généralement pas appliqué à tou-tes les tuiles d'une couverture. On se contente de le pratiquer sur un certain nombre, placées en quinconce.

---

[1]. La maison Gilardoni est représentée à Paris par M. Adalbert Metz, 21, rue de Rocroi.

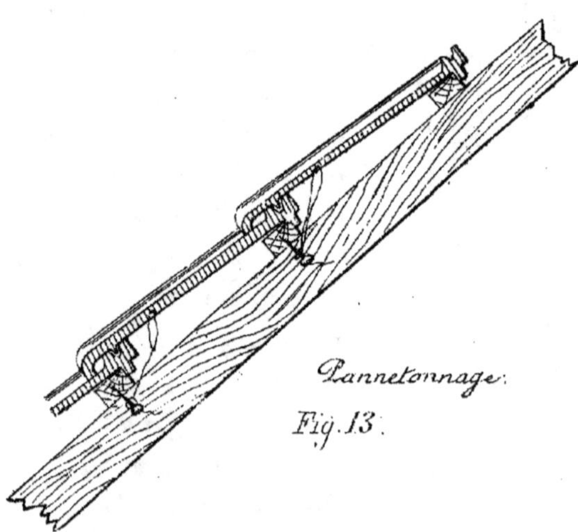

Pannetonnage.
Fig. 13.

25. — On trouve dans le commerce, et pour chaque modèle, des pièces spéciales appropriées aux divers travaux de couverture, notamment :

des Demi-tuiles, nécessaires pour araser la toiture en rive;
des tuiles de rive, bordant verticalement la couverture le long des pignons, avec frontons et abouts;
des couvre-cheneaux;
des tuiles faîtières, avec ou sans crête;
des poinçons;

été..., été.

Modèles Gilardoni.

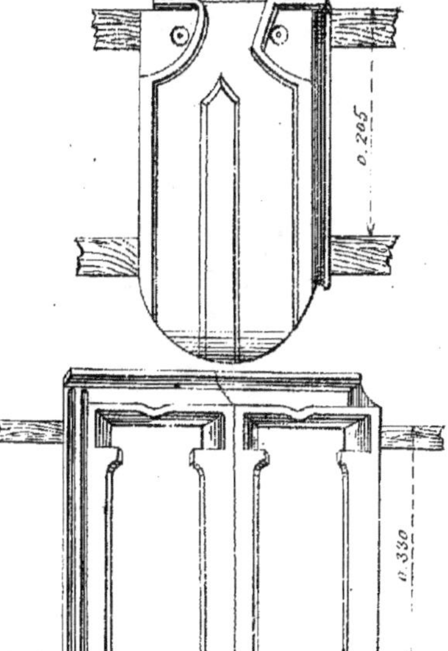

Fig. 16. Tuile pour Villas.

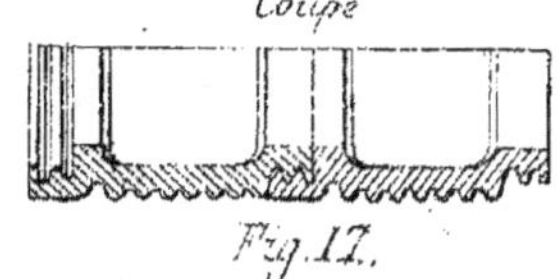

Tuile à double emboîtement
Coupe

Fig. 17.

Modèle N°1. losangé.
Exemple d'application.

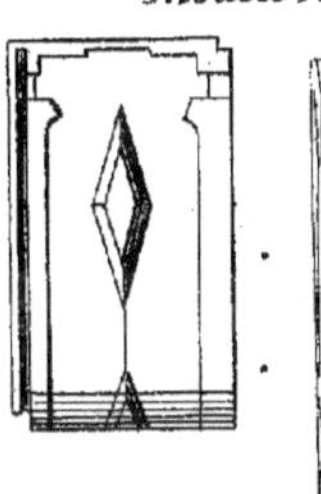

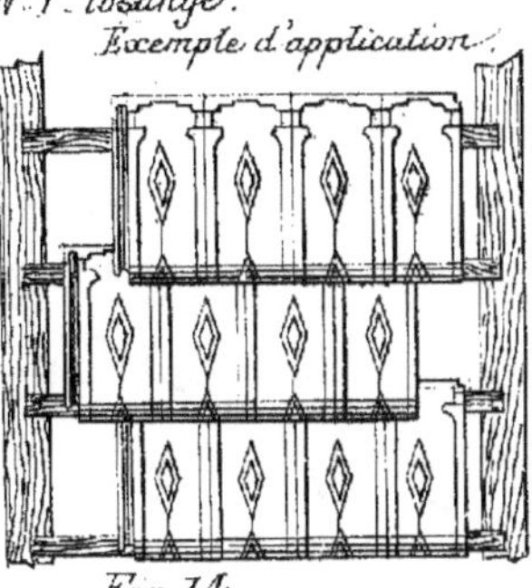

Fig. 14.

Modèle N°2. à nervures continues.

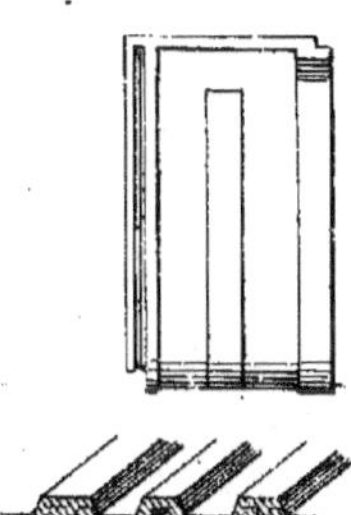

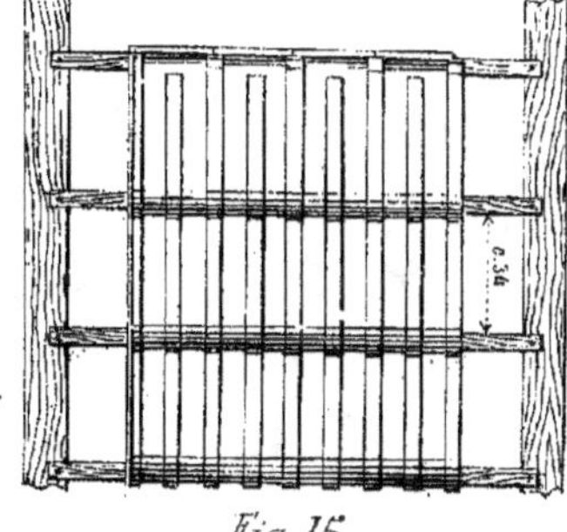

Coupe

Fig. 15.

Modèles Gilardoni.

Fig. 18.

poids 5ᵏ
prix 0.75.

0.2?

poids 5ᵏ.500
prix 0.75

Faîtières et arêtiers.

Fig. 19.

1.50 le mètre

1.00

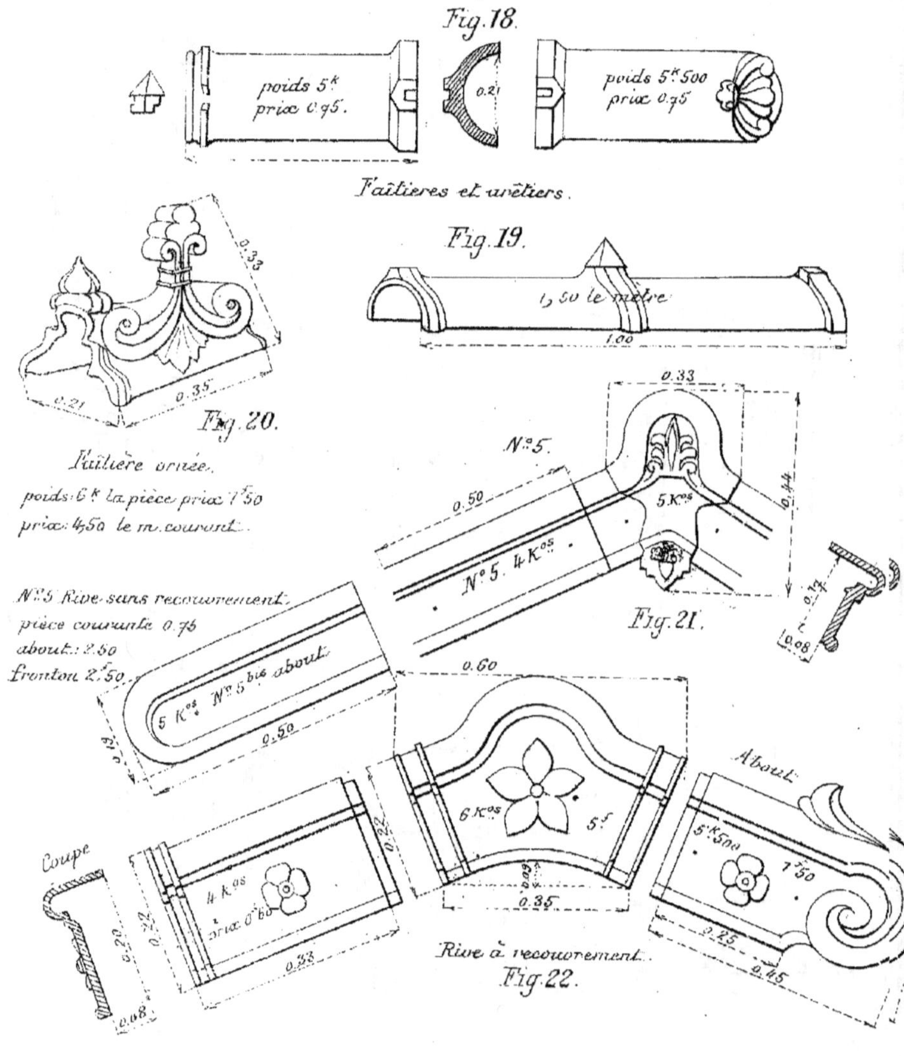

Fig. 20.

Faîtière ornée.
poids 6ᵏ la pièce prix 1.50
prix 4.50 le m. courant.

N.º 5 Rive sans recouvrement.
pièce courante 0.75
about.: 2.50
fronton 2.50

Rive à recouvrement.
Fig. 22.

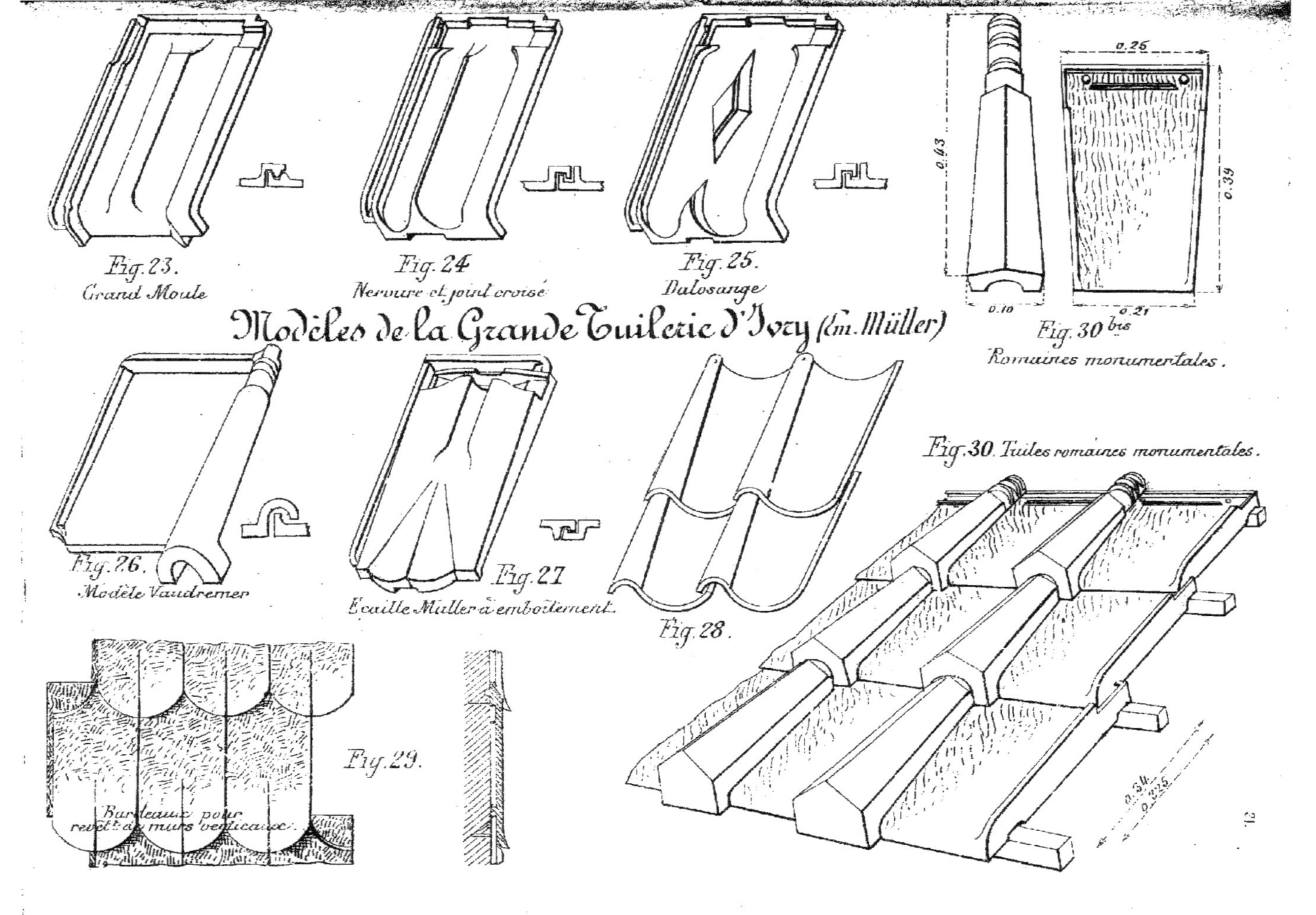

Fig. 23.
Grand Moule

Fig. 24.
Nervure et joint croisé

Fig. 25.
Dalosange

Fig. 30 bis
Romaines monumentales.

Modèles de la Grande Tuilerie d'Ivry (m. Müller)

Fig. 26.
Modèle Vaudremer

Fig. 27.
Écaille Müller à emboîtement.

Fig. 28.

Fig. 30. Tuiles romaines monumentales.

Fig. 29.

Modèles de la Grande Tuilerie d'Ivry.

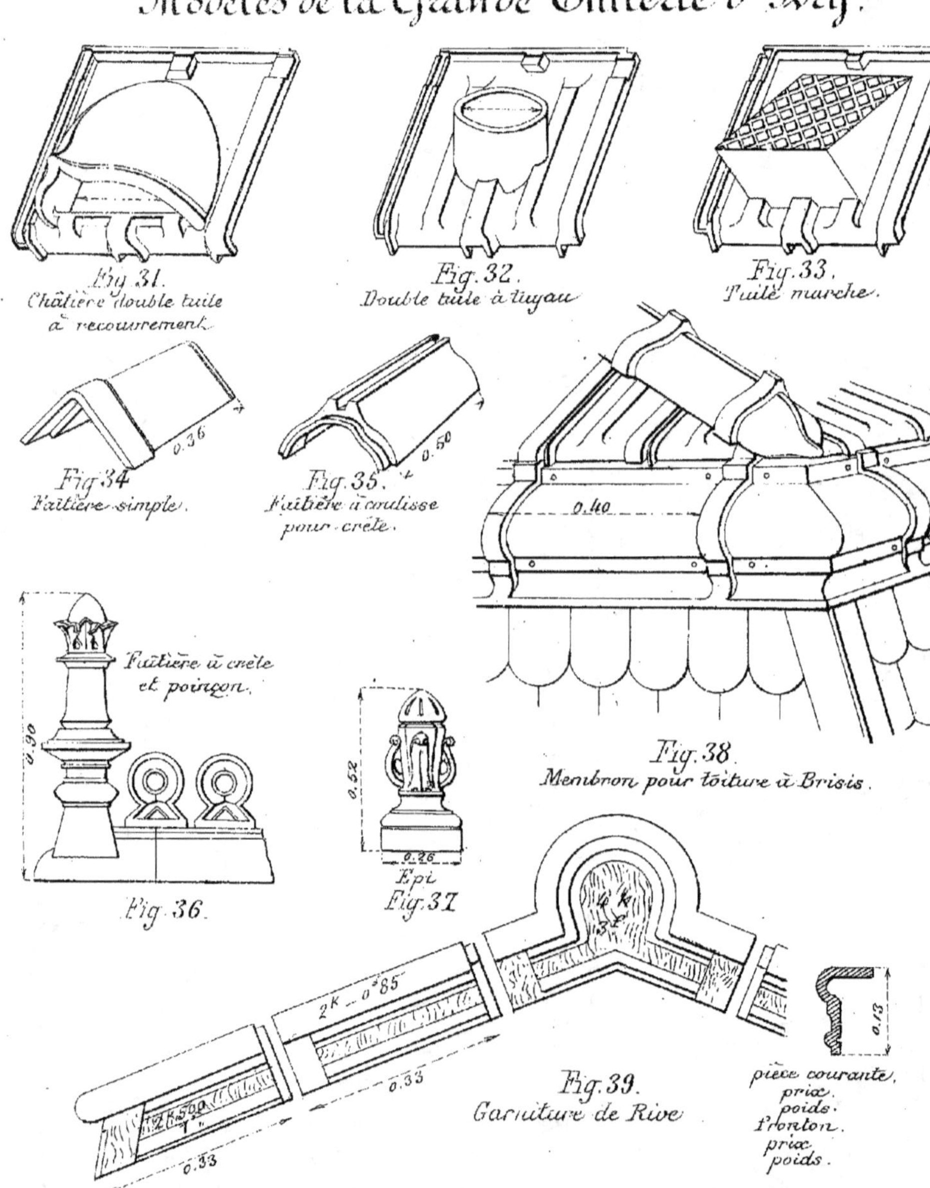

Fig. 31.
Châtière double tuile
à recouvrement.

Fig. 32.
Double tuile à tuyau

Fig. 33.
Tuile marche.

Fig. 34.
Faîtière simple.

Fig. 35.
Faîtière à coulisse
pour crête.

Faîtière à crête
et poinçon.

Fig. 36.

Epi
Fig. 37

Fig. 38.
Membron pour toiture à Brisis.

Fig. 39.
Garniture de Rive

pièce courante.
prix.
poids.
Fronton.
prix.
poids.

Modèles de la Grande Tuilerie d'Ivry (Em. Müller).

(Ivry-Seine).

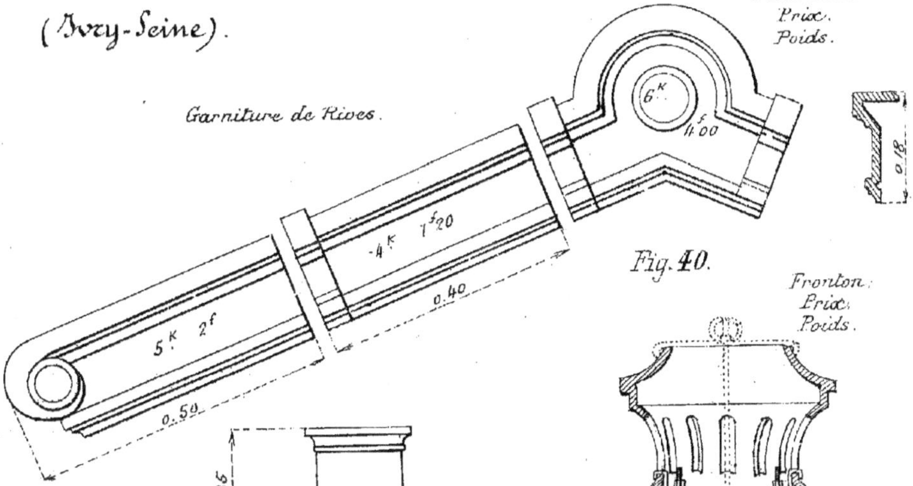

Garniture de Rives.

Pièce courante
Prix.
Poids.

6^{k}

$4^{f}.00$

0.18

4^{k} $7^{f}.20$

0.40

5^{k} 2^{f}

0.50

Fig. 40.

Fronton.
Prix.
Poids.

0.35

0.65

Prix = 50^{f}

0.88

0.72

0.50

0.43

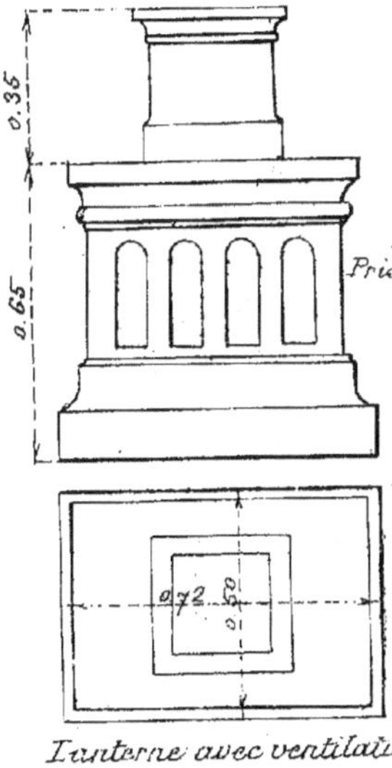

Lanterne avec ventilation.
Fig. 42.

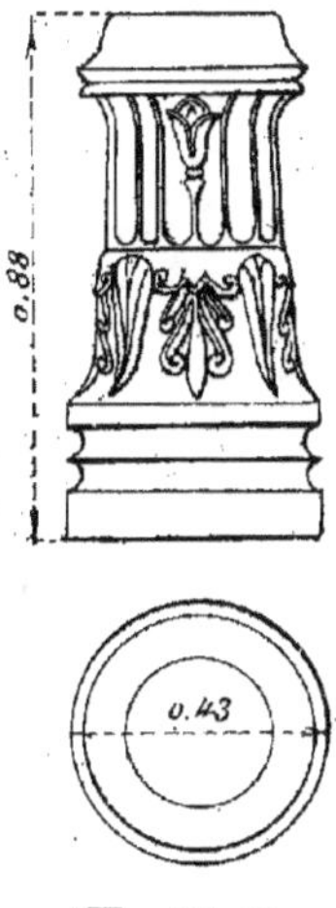

Fig. 41. Mitron.

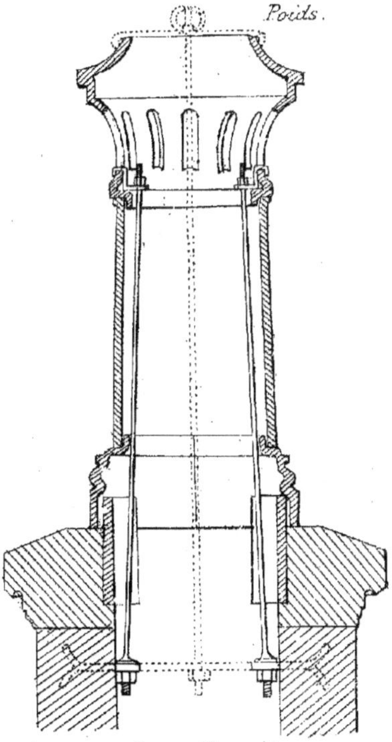

Coupe d'un mitron
posé.
Fig. 43.

Modèles Em. Müller (Ivry-Port, Seine).

Désignation	Nombre au mètre carré	Poids de la pièce	Écartement du lattis	Prix du mille	Observations
Tuile N° 1, à recouvrement...... G^d moule.	14	3ᵏ, 100	35ᶜᵐ. "	200ᶠ "	
—— N° 2, —— d° —— ..... P^{tit} moule.	28	1, 500	27 "	120 "	
—— N° 3, à recouvre et joint croisé.......... "	14	3, 000	35 "	200 "	
—— N° 4, à losange......... "	13	3, 100	36 "	200 "	
—— Vaudremer, N° 5....... "	12	4, 250	35 "	330 "	
—— Écaille à emboîtement, N° 8	15	3, 000	35 "	200 "	
—— Romaine, couvre-joint tenant à la tuile, N° 17..............	50	0, 750	"	160 "	
Bardeaux à emboîtement, N° 18.......	26	1, 500	"	120 "	
Tuiles romaines monumentales à couvre-joint.............	11	"	34 "	450 "	revient à 4ᶠ,50 le m.²

	à la pièce :	
	Poids	Prix
Tuile chatière, simple	3 k, 5	f. 1 , 15
— — , Double .... (fig. 31)	9 , ″	2 , 75
— à tuyau, simple	3 , 5	1 , ″
— — , Double .... (fig. 32)	7 , ″	2 , 75
— marche, ... (fig. 33)	7 , 5	5 , ″
— faîtière .... (fig. 34)	3 , 5	1 , ″
— — , à coulisse ...... (fig. 35)	8 , ″	1 , ″
Poinçon .... (fig. 36)	10 , ″	10 , ″
Faîtière ornée courante	28 , ″	7 , ″
Epis .... (fig. 37)	10 , ″	8 , ″
Membron pour { angle	10 , ″	12 , ″
brides, fig. 38 { pièce courante	6 , ″	2 , 50

Chapitre II.

Couvertures en ardoises.

Nature et provenance.

27. — Les ardoises sont des pierres schisteuses qui se tranchent aisément en feuillets de faible épaisseur (2 à 6 $^m/_m$). Elles sont faciles à travailler lorsqu'elles viennent d'être extraites et contiennent leur eau de carrière.

Une bonne ardoise, pour être employée en couverture, ne doit renfermer ni pyrites, facilement oxydables, ni parties terreuses susceptibles de se délaver. Lorsqu'on la trempe un certain temps dans l'eau, elle ne doit pas en absorber plus de $1/50^e$ de son poids, sous peine d'être gélive.

Les deux provenances principales, en France, sont les ardoisières d'Angers et celles des Ardennes. Les ardoises d'Angers sont d'une couleur plus ou moins bleuâtre ; celles des Ardennes sont, le plus souvent, légèrement violacées.

Forme.

28. — Les ardoises sont de forme rectangulaire,

en écailles, en écailles triangulaires, en écailles alle-
mandes.

On les chanfreine généralement aux deux coins
supérieurs, ce qui permet d'utiliser des blocs plus
petits ou irréguliers. En outre, la couverture se trouve
allégée d'autant.

Dimensions. 29. — Nous ne nous occuperons que des ardoises rectangulaires qui sont le plus communément employées.

Suivant leurs dimensions, on les range en deux
catégories : les modèles ordinaires ou français et les
modèles anglais qui sont plus grands et plus épais.

Le tableau suivant indique les principales dimensions usitées, qui varient de 324 × 222 $^{m}/_{m}$ à 216 × 95
millimètres pour les françaises et de 640 × 360 $^{m}/_{m}$ à 304
× 203 millimètres pour les anglaises.

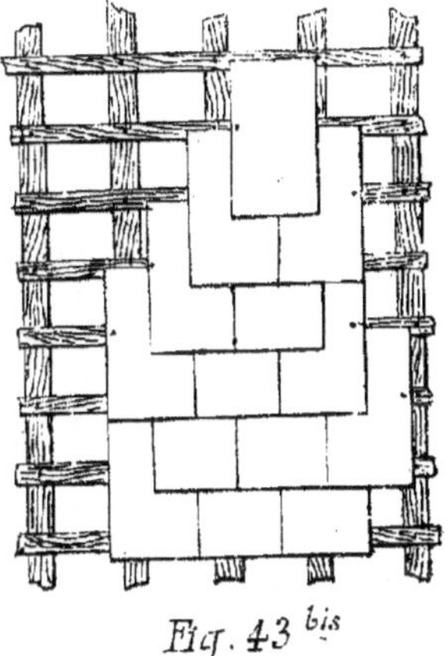

Fig. 43 ^{bis}

30. **Ardoises d'Angers.**   1°_ Ordinaires ou Françaises.

| Désignation | Dimensions en millim? | | | Poids moyen des 1040 ardoises | Pureau au recouvrement du 1/3 de la hauteur | Nombre | | | | | Prix moyen des 1000 ardoises à Paris (Octroi compris) |
| | Hauteur ou Longueur | Largeur | Epaisseur | | | d' ardoises par m² | de clous ou agrafes par m² | | de mètres de voliges par m² | de pointes à voliges par m² 2 par chev? | |
							Clous	Agrafes			
1ère carrée; G^d modèle	324	222	2,7 à 3,5	520	0,11	42	84	42	9,25	46	61^f
— d° — ½ forte	297	216	2,7 à 3	410	0,10	47	94	47	10,10	50	54
— d° — forte	d°	d°	2,8 à 4	540	d°	47	94	47	d°	50	58
2e carrée, — d° —	"	195	2,7 à 3,5	410	d°	52	104	52	"	"	
Grande moyenne forte	"	180	d°	380	d°	55	110	55	"	"	
Petite moyenne forte	"	162	d°	330	d°	62	124	62	"	"	
Moyenne	270	180	d°	355	0,09	61	122	61	11,10	55	
Flamande, N°1	"	162	d°	320	d°	69	138	69	d°	d°	30.
— d° — N°2	"	150	d°	300	d°	74	148	74	"	"	
3e carrée N°1	243	180	d°	310	0,08	72	144	72	12,35	62	
— d° — N°2	"	150	d°	265	d°	82	164	82	d°	d°	
— d° — cartelette N°1	216	162	d°	260	0,07	88	176	88	13,90	69	
Cartelette N°2	"	122	2,7 à 4	200	d°	114	228	114	d°	d°	
— d° — N°3	"	95	d°	150	d°	146	292	146	"	"	

2.° — Modèles Anglais.

N.os d'ordre	Dimensions					Poids moyen des 104 ardoises	Pureau au recouvrement de 8 %/m.	Nombre par m².					Nombre de m² exécutables par compagnon et aide dans une journée	Prix moyen du mille à Paris. (Octroi compris).
	en pouces anglais		en millimètres					D'	de Clous ou d'Agrafes		de mètres de	de		
	haut.	larg.	haut.	larg.	épaiss.			ardoises	Clous	Agrafes	voliges	pointes à voliges		
1	25	14	640	360		310 K. "	0 m, 280	9.92	20	10	3 m, 60	18	18 m². "	341, 20 f.
2	24	14	608	360		290 "	0, 265	10.48	21	11	3, 80	19	18 "	321, 55
3	24	12	608	304	4,5 à 6."	245 "	0, 265	12.40	25	13	3, 80	19	18. "	266, 65
4	22	11	558	279		202 "	0, 240	14.92	30	15	4.20	21	16. "	219, 60
5	20	10	508	254		151 "	0, 215	18.31	37	19	4.65	24	16. "	170, 60
6	18	10	458	254		133 "	0, 190	20.70	41	21	5.30	27	14. "	41, 20
7	16	8	406	203		92 "	0, 165	29.95	60	30	6.10	31	14. "	98, 05
8	14	8	355	203	3,8 à 5."	71 "	0, 140	35.21	70	36	7.15	36	12. "	78, 45
9	14	7	355	177		63 "	0, 140	40.32	81	41	7.15	36	12. "	70, 60
10	12	6½	305	165		47 "	0, 115	52.63	105	53	8.70	44	10. "	53, 90
11	14	10	360	254		96 "	0, 140	28.12	56	29	7.15	36	14. "	107, "
12	12	8	304	203		62 "	0, 115	42.83	35	43	3.70	55	11. "	71, "

Pente
de la toiture.

32. — L'eau pouvant facilement remonter entre les ardoises, par capillarité, il importe de donner à la toiture une pente suffisante dont la limite inférieure est 30°. On donne communément 45° et, grâce au mode d'accrochage, on peut aller jusqu'à la verticale et en revêtir les murs exposés aux vents violents et à la pluie.

Voligeage.

33. — Les ardoises se posent comme les tuiles plates, sur un voligeage en planches de 8 à 11 % de largeur et 13 m.m. d'épaisseur, le plus souvent écartées d'au moins 1 cm. pour leur permettre de se gonfler librement.

Pose des
ardoises ordinaires
avec clous.

34. — On commence la pose par l'égout, au bord inférieur, et l'on place tout d'abord deux rangs d'ardoises superposés et à joints croisés, le premier rang sur plâtre débordant la chanlatte de 4 à 5 cm. Ces deux premiers rangs s'appellent le batellement.

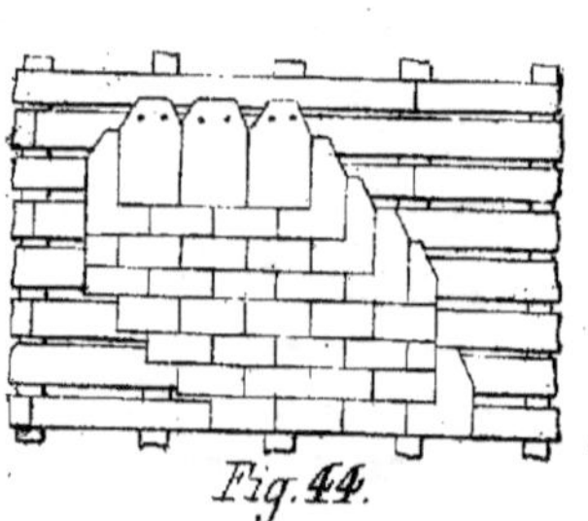

Fig. 44.

35. — Les ardoises sont fixées sur les voliges au moyen de deux ou trois clous en fer galvanisé, ou mieux en cuivre ; la rouille qui se forme en effet sur les clous en fer, en se gonflant font éclater les ardoises. Pour mettre celles-ci en place, on emploie le marteau de couvreur, pointu à l'un des bouts pour l'opération du perçage, à têtes

plate pour enfoncer les clous et muni en tête d'une saillie à arête vive pour couper l'ardoise. Le couvreur commence par fixer par son ergot, sur le voligeage, une petite enclume sur laquelle il pose l'ardoise pour pratiquer les diverses opérations que nous venons de mentionner.

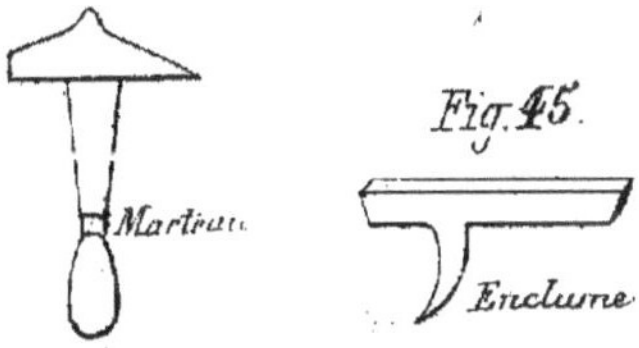

Les trous de clous doivent être percés à 2 cm. au moins des bords de l'ardoise.

Fig. 45.

Pose des ardoises anglaises.

36. — Les modèles anglais étant beaucoup plus grands, on remplace le voligeage par un lattis formé de lattes chanfreinées, ou voliges chanlattées, à section trapézoïdale dont la largeur est de 8 cm., l'épaisseur variant de 15 mm. à 30 mm. suivant la grandeur des ardoises.

Fig. 46.

Couverture des bâtiments.

Chacune de celles-ci couvre deux intervalles du lattis et est fixée par des clous sur la latte médiane.

Recouvrement et Pureau.

37. — Le pureau est un peu moins de 1/2 de la hauteur pour les ardoises françaises, sur des pentes voisines de 45°. Sur les combles à la Mansard, les ardoises de brisis, qui sont inclinées à plus de 60°, sont posées avec un pureau des 3/4 de la hauteur, et sur le terrasson, où la pente est de 30°, on réduit le pureau à 1/4. — Avec les modèles anglais, le pureau est un peu moindre de 1/2. On admet souvent et uniformément 8 cm.

Pose avec agrafes.

38. — Le perçage occasionne un certain déchet d'ardoises qui se trouvent fendues et brisées ; il est préférable de les fixer au moyen de crochets ou agrafes en

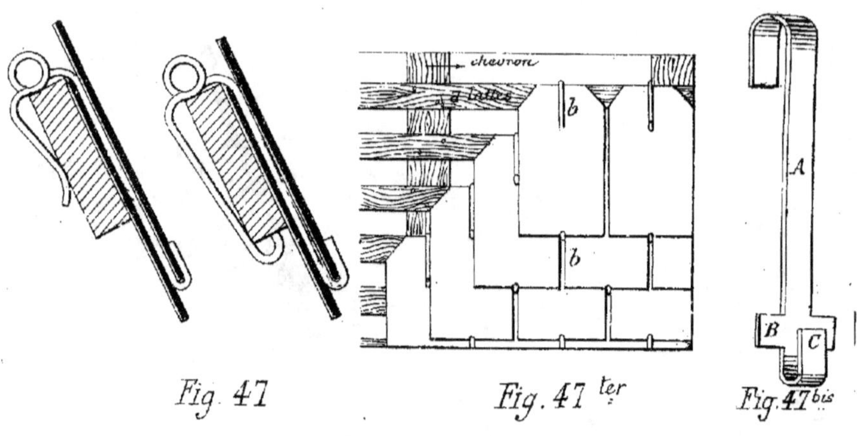

Fig. 47   Fig. 47 ter   Fig. 47 bis

fil de cuivre ou en fer galvanisé ; le bas de l'agrafe

forme crochet et saisit la partie inférieure de l'ardoise en son milieu ; la première branche du crochet file en dessous de l'ardoise en s'appuyant sur l'ardoise du rang inférieur qu'il maintient ainsi ; il forme au sommet une boucle qui lui donne l'élasticité d'un ressort, et se retourne en une seconde branche qui saisit la volige ou la latte (fig 47.)

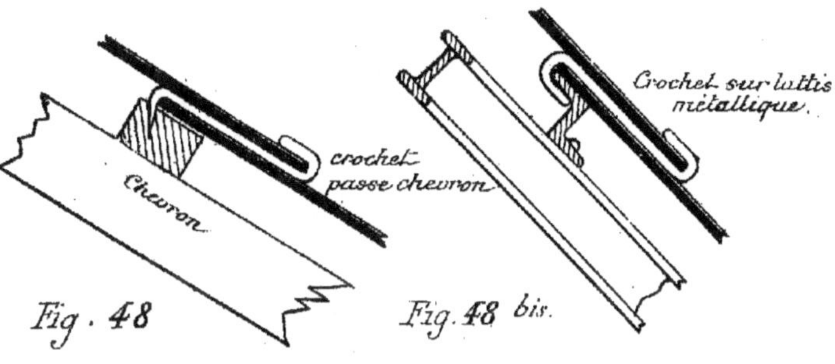

Fig. 48   Fig. 48 bis.

Lorsque la place de l'agrafe tombe sur un chevron, on se contente de terminer cette agrafe par une pointe qu'on enfonce dans le chevron ; c'est ce qu'on appelle un crochet-passe-chevron. (fig 48)

La figure 48 bis montre comment sont disposées les agrafes sur un lattis métallique.

39. — La présence du crochet oblige, pour que les rangs consécutifs d'ardoises reposent néanmoins directement les uns sur les autres, à le loger entre les deux

ardoises du rang immédiatement inférieur à celle qui
soutient, comme on le voit sur la fig. 47 ^{ter}

Faîtages — Arêtiers.
Noues.
Membrons.

40. — Les faîtages, arêtiers et noues des couvertures
en ardoises peuvent être faits au moyen de tuiles creuses;
mais on y emploie le plus souvent du zinc (V. le Chapitre
consacré à la Zinguerie).

Il en est de même des membrons raccordant dans
la toiture à la Mansard, le pan de brisis et le terrasson.

Crochets
de toiture.

41. — Enfin, pour permettre aux ouvriers d'aller
réparer les couvertures en ardoises, même lorsqu'elles
sont très inclinées, on dispose de distance en distance
des crochets d'échelle fixés aux chevrons et entourés
par une partie en zinc remplaçant une ou deux ardoises.

Chapitre III.

Couvertures métalliques.

§ 1er. — Couvertures en plomb.

42. — Très employée autrefois pour les édifices importants (ex : le dôme des Invalides), la couverture en plomb est tombée en complète désuétude à cause de son poids et de son prix élevés. En cas d'incendie, la fusion du plomb présentait, en outre, de sérieux dangers. Enfin les locaux situés sous les plombs sont intenables par la grande chaleur.

43. — Poids du plomb laminé en lames.

Épaisseur en m.m.	1	1½	2	2½	3	4	5	6
Poids du m² en Kil..	11,35	17.7	22,70	28,40	34,05	45,40	56,75	68,10

44. — On se servait de feuilles de 2m de largeur sur 7m à 8m de longueur et 3 à 4mm d'épaisseur; que l'on présentait enroulées et que l'on étendait en allant de l'égout jusqu'au

faite. À cause de sa malléabilité, le plomb doit reposer sur un plancher jointif en sapin ou en peuplier. Au contact du chêne non flotté, le plomb est attaqué et percé par les acides acétique et tannique que ce bois renferme.

Il est nécessaire de laisser au plomb sa libre dilatation et l'on réunit les feuilles voisines par enroulement de leurs bords.

45. — On emploie encore le plomb pour certains travaux accessoires des couvertures: faîtières, noues, arêtiers, et surtout pour les bandes horizontales placées en dessous du membron dans les toitures à la Mansard.

§.2. — Couvertures en cuivre.

46. — Le cuivre, comme le plomb, est aujourd'hui peu usité pour la couverture des édifices. Son prix très élevé en est la cause.

Le cuivre laminé dont la densité est de 8,2 s'emploie en feuilles de $1^m,407 \times 1^m,137$ et sous une épaisseur minimum de $\frac{6,8}{10}$ ou $\frac{7,5}{10}$ de m.m. pesant $6^k,11$ et $7^k,64$ le m^2.

On trouve ces feuilles dans le commerce sous des numéros qui expriment le poids de la feuille en livres; les numéros vont de 1 à 25; ce dernier numéro pèse donc 25 livres, ou 12,^{k}5.

Les feuilles se recouvrent de 0,^{m}12. Le joint latéral se fait en enroulant les bords en bourrelets avec un couvre-joint.

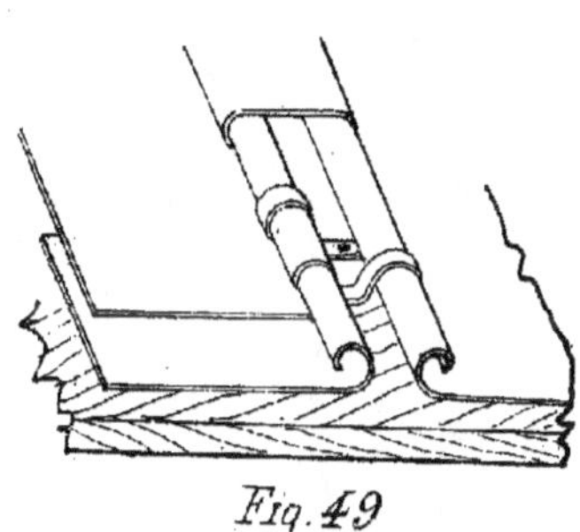

Fig. 49

§. 3. — Couverture en zinc.

en feuilles planes. 47. — Le zinc, plus dur, est moins ductile que le plomb; il se travaille néanmoins aisément.

zinc fondu : poids spécifique : 6,86

zinc laminé : ——— d° ——— 7.20

Coefficient de dilatation :

$$\frac{3}{100.000}$$ (3 fois plus grand que celui du fer).

48. — Zinc laminé pour toitures. longueur commune : 2 mètres.

Tableau

Couverture des bâtiments.

Zinc laminé pour toitures.

(Dimensions et Poids).

Numéros	Épaisseur des feuilles en millimètres	Largeur: 0,^m50 Longueur: 2 mètres	Largeur: 0,^m63 Longueur: 2 mètres	Largeur: 0,^m80 Longueur: 2 mètres	Largeur: 1 mètre. Longueur: 2 mètres	Poids du mètre carré
9	0 , 45	2^k,90	3^k,70	4^k,60	6^k,30	2^k,90
10	0 , 51	3, 45	4, 45	5, 50	7, "	3, 45
11	0 , 60	4, 05	5, 30	6, 50	8, 12	4, 05
12	0 , 69	4, 65	6, 10	7, 50	9, 24	4, 65
13	0 , 78	5, 30	6, 90	8, 50	10, 36	5, 30
14	0 , 87	5, 95	7, 70	9, 50	11, 48	5, 95
15	0 , 96	6, 55	8, 55	10, 60	13, 30	6, 55
16	1 , 10	7, 50	9, 75	12, "	15, 12	7, 50
17	1 , 23	8, 45	10, 95	13, 50	16, 94	8, 45
18	1 , 36	9, 35	12, 20	15, "	18, 76	9, 35
19	1 , 48	10, 30	13, 40	16, 50	20, 58	10, 30
20	1 , 66	11, 25	14, 60	18, "	22, 40	11, 25
21	1 , 85	12, 50	16, 25	20, "	24, 92	12, 50
22	2 , 02	13, 75	17, 90	22, "	27, 44	13, 75
23	2 , 19	15, "	19, 50	24, "	29, 96	15, "
24	2 , 37	16, 25	21, 10	26, "	32, 48	16, 25
25	2 , 56	17, 50	22, 75	28, "	35, "	17, 50
26	2 , 68	18, 76	24, 38	30, "	37, 52	18, 76
Surface de chaque feuille dans les diverses dimensions :		1,^{m.2}000	1,^{m.2}300	1,^{m.2}600	2,^{m.2}000	"

On doit admettre une tolérance d'environ 25 décagrammes en plus ou en moins dans le poids de chaque feuille. 1 mètre cube de zinc pèse 7000 kilogs. Une feuille d'un mètre carré sur 1 millimètre d'épaisseur pèse 7 kilogrammes.

Couverture en zinc.

49. — C'est le N° 14 qui est le plus employé pour toiture.

Le zinc se pose sur un voligeage semblable à celui des couvertures en ardoises. Chaque feuille est relevée sur ses longs bords le

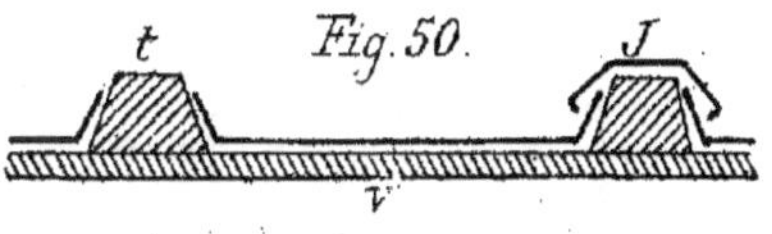

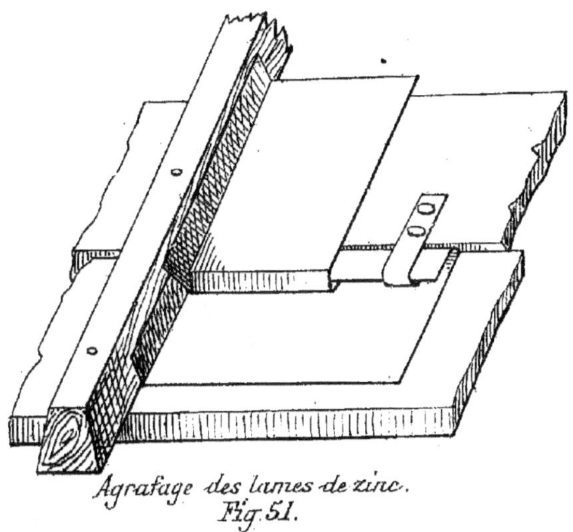

Agrafage des lames de zinc.
Fig. 51.

long de tasseaux de section trapézoïdale cloués sur le voligeage suivant la plus grande pente.

Ces tasseaux ont 4 cm. de hauteur et environ 6 cm. de largeur à la base. Chaque tasseau est recouvert d'un couvrejoint également en zinc, dont les bords sont repliés pour former coupe-larme et pour empêcher l'eau de remonter par capillarité. Une agrafe, ou patte, soudée sous le couvre-joint s'engage dans une bride en feuillard fixée sur le tasseau.

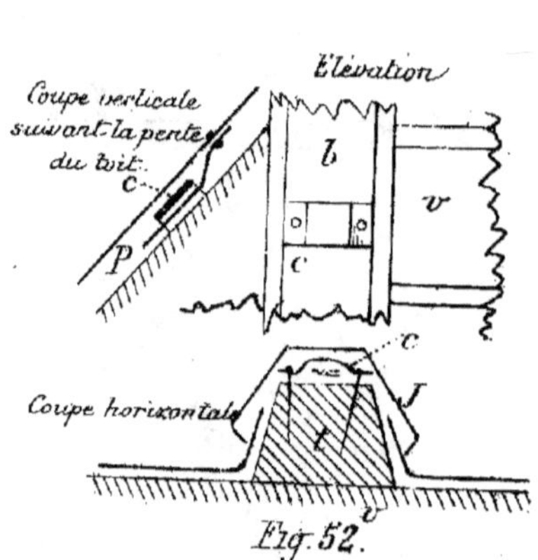

Fig. 52.

50. — Dans le sens de la plus grande pente, les feuilles successives sont fixées et réunies comme il suit :

La feuille inférieure est repliée de 10 cm. en dessous, et la feuille supérieure, de la même quantité en dessous, ce qui permet de les agrafer l'une à l'autre en interposant, par feuille, deux crochets en feuillard galvanisé ou en zinc, courbés comme les feuilles elles-mêmes et cloués sur le voligeage. La couverture est ainsi à libre dilatation. (fig. 53)

51. — Le zinc peut s'employer pour de faibles pentes de 0,15 par mètre et servir ainsi à recouvrir les terrasses.

Faîtières- Arêtiers.
Noues.

Fig. 53.

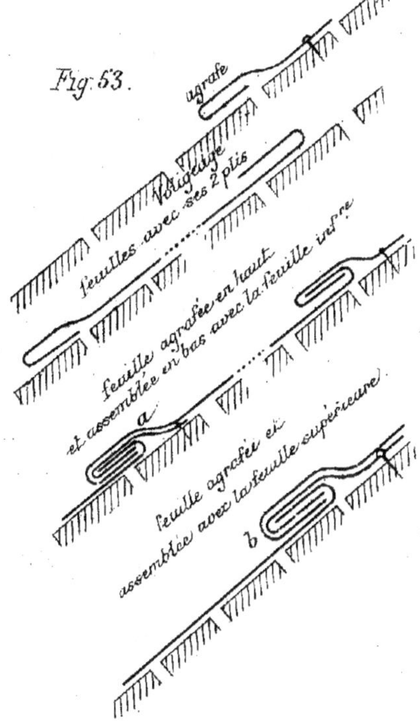

52.— Les joints de faîtières et d'arêtiers se font également au moyen de tasseaux à section trapézoïdale et revêtus de zinc.

Quelquefois le tasseau de faîtière est remplacé par une pièce de grande largeur formant un véritable chemin sur lequel les couvreurs peuvent marcher à plat.

Fig. 54

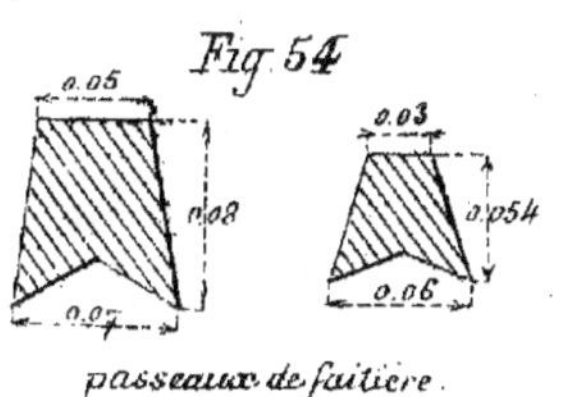

passeaux de faîtière.

53.— Les noues sont formées par une feuille de zinc sur laquelle viennent s'égoutter les feuilles des deux pans qui s'y raccordent. L'about des tasseaux s'y arrête et est garni en zinc également.

Couvertures en zinc cannelé et en tôle ondulée.

Zinc cannelé. 54. — Pour donner aux feuilles de zinc du raide dans le sens de la longueur, et de supprimer le voligeage et le chevronnage, on y pratique une série d'ondulations longitudinales qui réduisent nécessairement la largeur utile.

La hauteur de l'ondulation est environ le $\frac{1}{3}$ de la largeur prise du milieu des ondulations voisines.

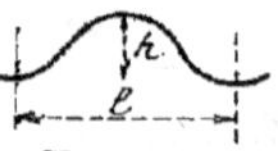

Fig. 55.

Ex : $L = 100$ mm, $h = 30$ mm.

La portée maximum des feuilles cannelées de zinc N° 14 est de 1^m. On donne 7 à 10 cm de recouvrement, ce qui, avec le champ de pose sur la panne supérieure, donne au moins $1^m,10$ ou $1^m,15$ de longueur totale pour la feuille.

55. — La pose se fait exactement comme pour la tôle ondulée dont on parlera tout-à-l'heure.

§ 4. — Couverture en tôle ondulée.

56. — La tôle ondulée présente le même profil que

le zinc cannelé. Elle doit être soigneusement galvanisé ; le moindre trou exposé à l'humidité et où le fer serait à nu se rouillerait vite et la rouille gagnerait rapidement.

Épaisseur.

57. — La grande raideur de la tôle permet de lui donner une épaisseur très faible, $\frac{6}{10}$, $\frac{7}{10}$, $\frac{8}{10}$ de millimètre après galvanisation, et de la faire porter sur une plus grande longueur.

Longueur.

58. — Les feuilles ont des longueurs courantes de $1^m,65$, $2^m,40$ et $3^m,00$. Elles se posent sur pannes écartées de $1^m,50$ à $2^m,00$.

La pente du toit (en zinc ou tôle) est de 21° au minimum.

Joints longitudinaux.

59. — Il suffit de placer les tôles voisines à recou- d'une ou deux ondulations (deux ondulation pour une étanchéité parfaite).

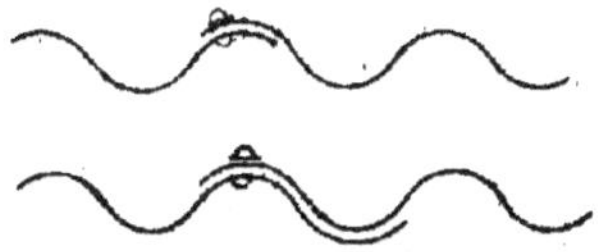

Fig. 56.

60. — Nous donnons dans le tableau ci-après, les dimensions et les prix approximatifs des tôles ondulées courantes.

Couverture des bâtiments.

Dimensions des feuilles avant ondulation	Épaisseur en 1/10 de m/m avant galvani⁰ⁿ	Poids approximatif après galvanisation	Ondes de 76 m/m		Ondes de 100 m/m		Ondes de 135 m/m		Prix des 100 K
			Dimension des feuilles après ondulation	Poids du m² couvert	Dimension des feuilles après ondulation	Poids du m² couvert	Dimension des feuilles après ondulation	Poids du m² couvert	des 100 K
$1^m,65 \times 0^m,65$	4/10 m/m	4,5 K	$1^m,65 \times 0^m,59$	5,50 K	$1^m,65 \times 0^m,55$	5,85 K	$1^m,65 \times 0^m,60$	5,30 K	62 f
	5/10	5,3		6,45		6,85		6,25	52
	6/10	6,1		7,45		7,90		7,15	50
	7/10	6,9		8,40		8,95		8,10	48
	8/10	7,7		9,40		10,		9,10	47
	9/10	8,5		10,35		11,03		10,05	46
	1 m/m	9,3		11,35		12,10		10,95	45
$2^m,00 \times 1^m,00$	5/10	10,5	$2^m,00 \times 0^m,91$	6,50	$2^m,00 \times 0^m,82$	7,	$2^m,00 \times 0^m,91$	6,80	57
	6/10	12,		7,45		8,		7,80	55
	7/10	13,5		8,40		9,		8,75	53
	8/10	15,3		9,50		10,20		9,95	52
	9/10	17,		10,55		11,30		11,05	51
	1 m/m	18,5		11,45		12,35		12,10	50

Nota : Au point de vue des prix, on ne peut donner que des indications, car ils varient beaucoup suivant l'état du marché.

Couvertures métalliques.

Agrafage. 61. — Pour agrafer les feuilles de zinc sur une panne en fer, on soude en dessous et à une certaine distance du bord inférieur des pattes p en zinc ou en fer galvanisé ; ces pattes s'engagent sous l'aile de la panne et servent en même temps à maintenir le bord supérieur de la feuille située immédiatement au dessous.

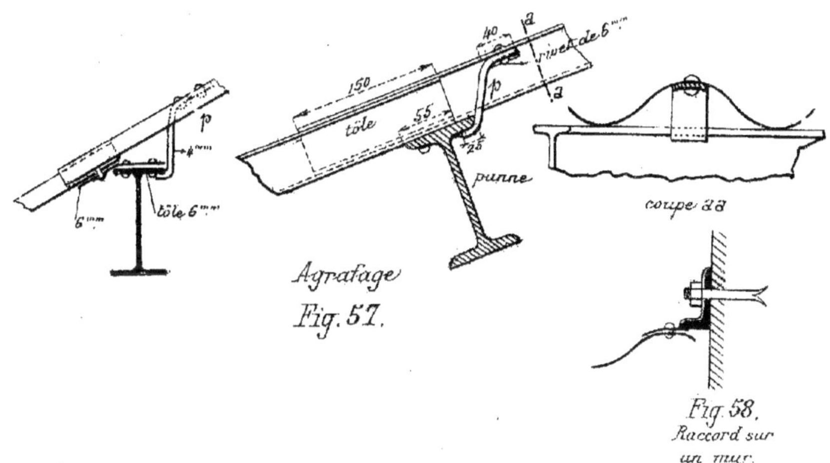

62. — Dans le cas d'une panne en bois, la patte s'engage dans une bride fixée sur la panne ou se visse sur le champ de celle-ci.

Ces pattes ont l'inconvénient de mal résister aux efforts de soulèvement dus au vent, ces efforts pouvant courber la patte qui sort de son logement, ou détacher la soudure.

63. — Lorsqu'il s'agit de tôle galvanisée sur la

quelle la soudure prendrait mal, il conviendrait de river la patte; mais il vaut mieux employer d'autres systèmes d'agrafage indépendants de la feuille de tôle; cette dernière condition est indispensable si l'on veut superposer les feuilles pour l'expédition.

64.—On peut employer une agrafe formant crochet pour saisir le bord inférieur de la tôle supérieure; cette agrafe s'attache sous l'aile de la panne, si celle-ci est en fer; si elle est en bois, la branche de l'agrafe se retourne d'équerre et on la fixe sur le

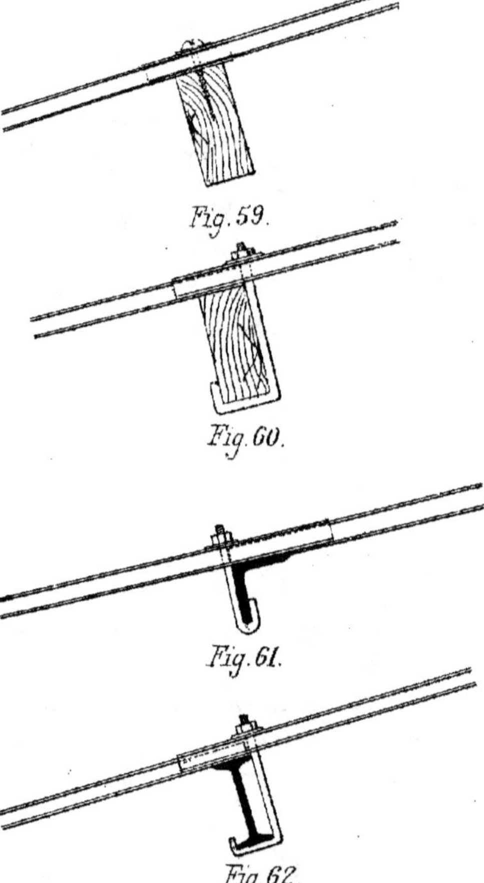

Fig. 59.

Fig. 60.

Fig. 61.

Fig. 62.

Couvertures métalliques.

champ de la panne au moyen d'une vis.

On pourrait également, sur les pannes en bois, se contenter de poser des tirefonds traversant la tôle sur une ondulation convexe.

65. — Toutefois, le meilleur mode d'accrochage consiste à percer la tôle sur le dos d'une ondulation convexe; dans ce trou, on engage la branche droite d'un crochet en fer rond galvanisé qui saisit la panne par en dessous et est serré dans cette position au moyen d'un écrou pressant sur deux rondelles : l'une rigide en fer, l'autre élastique, en caoutchouc ou en plomb.

Faîtières et noues.

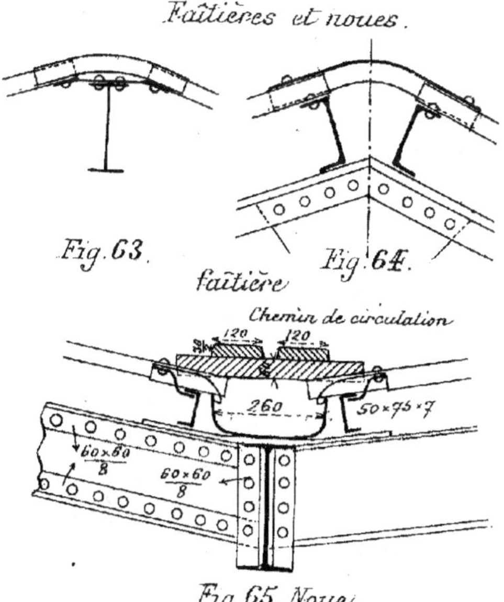

Fig. 63.

Fig. 64.

Fig. 65. Noue.

Ce mode d'accrochage rend la couverture absolument

solidaire de la charpente du comble et lui permet de résister à tous les efforts de soulèvement.

Couvertures en tôles courbes sans charpente. 66. — On s'est servi des propriétés élastiques et de la rigidité de la tôle ondulée pour en faire de véritables voûtes, dont la poussée est équilibrée par des tirants en fer rond ; ce dispositif permet de supprimer toute charpente de soutien.

Les tôles sont cintrées au rayon voulu dans le sens de la longueur et des ondulations. Les tôles successives d'un même arc sont raccordées à recouvrement et rivées ou boulonnées.

§ 5. — Tuiles métalliques.

67. — Enfin, le métal a été utilisé pour fabriquer, par emboutissage, de véritables tuiles de petites dimensions, s'assemblant les unes aux autres et se recouvrant à la manière des tuiles mécaniques en terre cuite.

Tuiles Bellot.[1] 68. — Les tuiles Bellot, dont la plus grande longueur est de $1^m,00$, portent sur leurs longs côtés des boudins de diamètres différents, de manière que les boudins correspondants de deux tuiles contiguës puissent s'enfiler l'un dans l'autre. Ces boudins sont

---

[1]. Bellot, rue de Lourmel, Paris.

aussi légèrement coniques et peuvent ainsi s'engager dans les boudins du rang immédiatement supérieur, ce qui permet un recouvrement de 0^m,10 environ.

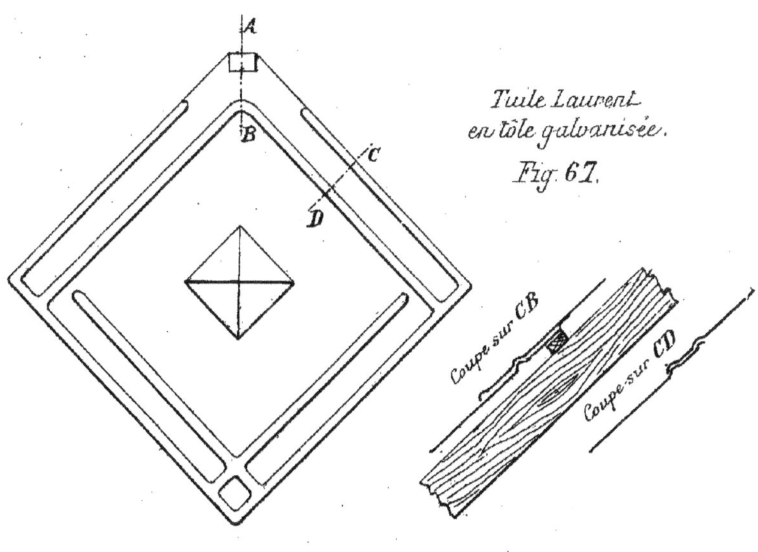

Fig. 66.

Tuiles Laurent, Menant et Duprat. Nous donnons également l'aspect d'une tuile Laurent[1], carrée diagonale, d'une tuile Menant et d'une tuile Duprat. (fig. 67, 68, 69.)

---

(1). Laurent, 11, rue d'Angiviller, Versailles.

50.

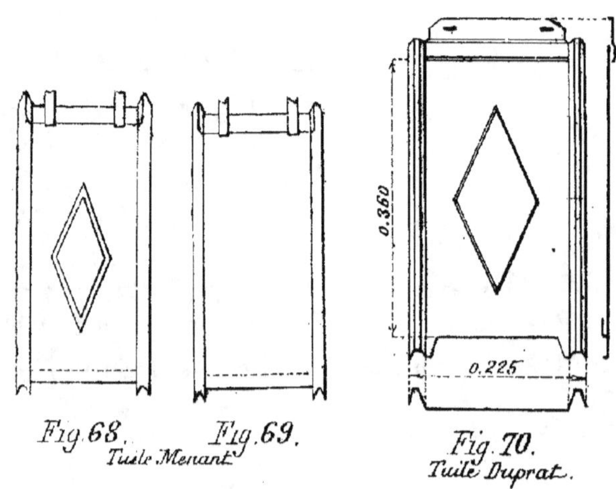

Fig. 68. Fig. 69.
Tuile Menant.

Fig. 70.
Tuile Duprat.

Chapitre IV.

Couverture en ciment volcanique.

70. — Depuis quelques années, on a vulgarisé une sorte particulière de couverture qui se prête spécialement au revêtement de terrasses étanches et à laquelle on donne, en Allemagne, le nom de "Holz cement" (ciment de bois) et en France le nom de "Ciment volcanique".

Ces revêtements se font sous très faible pente (1 à 5 centimètres par mètre). Ils sont économiques et élastiques.

On les établit sur un voligeage ou aire en bois suffisamment solide pour supporter la charge qui est de 70 à 90 kilogrammes tout compris.

71. — Sur cette aire, on étend une couche de 3 à 4 millimètres de sable fin pour empêcher le revêtement de coller sur le bois et lui permettre de légers déplacements.

Sur ce sable, on pose quatre épaisseurs d'un papier spécial assez fort qui est livré en rouleau, en ayant soin de recouper les joints. Entre ces diverses couches de papier, on interpose une couche mince de goudron volcanique qui pénètre le papier et forme, de cet ensemble, un tout presqu'homogène et imperméable.

72. — On doit avoir soin de relever le long des murs

et des souches de cheminées, des solins en papier de même nature et collés de la même manière ; et enfin on recouvre la dernière couche, revêtue de goudron volcanique, d'une couche de sable fin ou de cendre de 2 centimètres, surmontée de 3 à 5 centimètres de gravier, sur lequel on peut marcher.

L'eau filtre à travers cette couche de gravier et de sable, coule sur l'aire imperméable et se rend ainsi à l'égout.

Pour retenir le sable et le gravier, on interpose entre la terrasse et l'égout, une petite longrine percée d'évidements à sa base, pour l'écoulement.

Chapitre V.

Travaux accessoires de Zinguerie et Plomberie.

73.—Parmi les travaux accessoires de Zinguerie et Plom-berie, nécessités comme complément de la couverture, on distingue les faîtières, les arêtiers et membrons, les solins de tous genres, les chéneaux, gouttières et noues, les tuyaux de descente.

Faîtières.

74. — Les faîtières en zinc ou en tôle galvanisée, sont simplement des feuilles pliées de manière à couvrir le faîtage et à se raccorder avec les pans de toiture. Il est donc inutile d'y insister.

Nous avons également, en parlant des couvertures en zinc, dit comment on recouvrait les tasseaux en bois placés soit sur la plus grande pente, soit sur les arêtiers.

Arêtiers; Noues, etc....

75. — Au raccordement de deux surfaces de toiture, l'emploi du zinc est indiqué ; on en forme alors des bavettes, simples bandes métalliques posant sur les ar-doises d'une part et s'engageant sous la pièce courbe qui recouvre l'arêtier ou le solin en zinc qui est scellé

sur le mur s'il s'agit d'un mur.

Noquet

77 — Ces bavettes peuvent être remplacées par des noquets ou zinc évitant de faire des tranchis sur l'ardoise et enroulées le long de l'arêtier; cet enroulement s'engage sous la tranche de la couverture d'arêtier. Ces diverses pièces peuvent également se faire en plomb qui, plus malléable épouse mieux toutes les formes des tuiles ou ardoises qu'il recouvre.

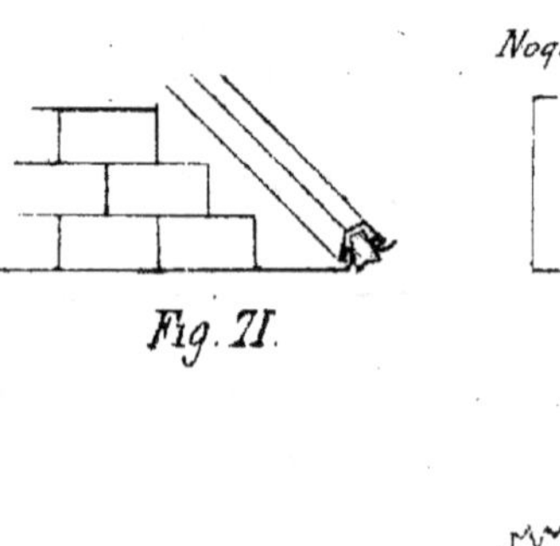

Fig. 71.

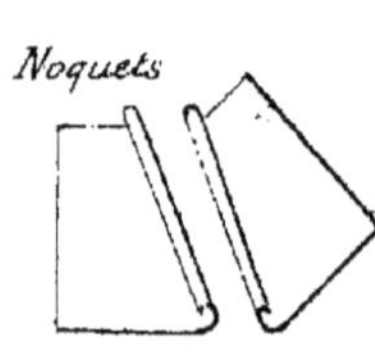

Fig. 71 bis

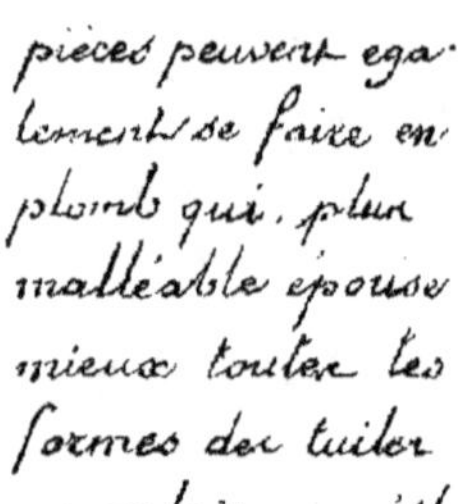

Fig. 72

Membron

77. — Le membron est une pièce de zinc recouvrant le bourseau en bois qui raccorde le terrasson et le pan de brisis dans les toitures à la Mansard.

Nous en donnons un exemple d'après César Daly

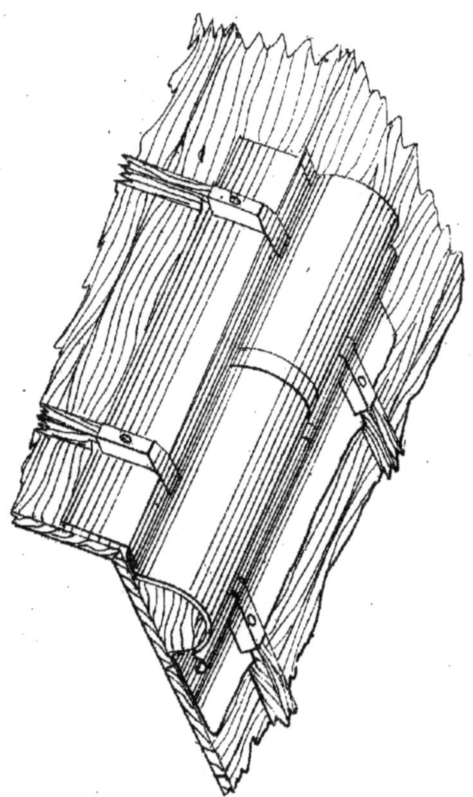

Fig. 73.
Bourseau sur le brisis d'un toit à la Mansard.

Chéneaux et Gouttières

78. — Les chéneaux et gouttières forment la catégorie la plus importante parmi les travaux de zinguerie. En écartant les eaux des murs, ils assurent la conservation de ceux-ci et il est indispensable qu'ils soient en

bon état de fonctionnement.

79. — On leur donne le nom de _gouttières_ lorsque, présentant une forme dérivée du demi-cylindre, elles sont suspendues à la charpente par des crochets en fer, et hors de la construction. On dit alors que la gouttière est pendante. (fig. 74.)

80. — Les _cheneaux_ sont, au contraire, appuyés sur une corniche par l'intermédiaire de tasseaux en bois d'épaisseur inégale qui assurent une pente convenable à l'écoulement. (fig 75.)

Gouttières.

81. — Les gouttières se font généralement en zinc N° 12 ou 14 ; leur bord extérieur est enroulé en baguette pour lui donner plus de rigidité. Les abouts successifs se recouvrent et sont ensuite soudés.

Leurs dimensions sont fixées par leur _développement_ qui dépend de la largeur de la feuille employée. On fait des gouttières de 0,^{m}16, 0,^{m}25 ou 0,^{m}32 de largeur.

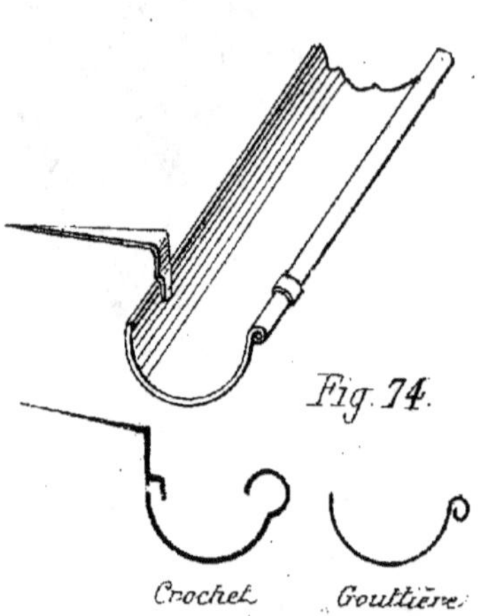

développée.

82. — Les crochets sont en fer plat, le plus souvent galvanisés et posés à un écartement de 0^m50 à 0^m80. Ils sont à pointe et enfoncés dans le bout des chevrons ou mieux fixés à vis sur le champ des chevrons.

Chéneaux. 83. — Les chéneaux sont généralement logés dans un encoffrement en planches, ce qui leur donne un pro-

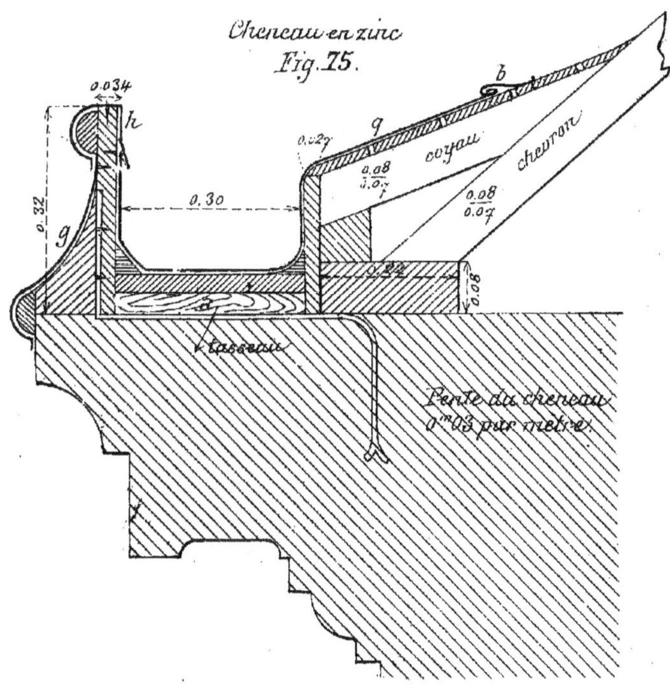

fil rectangulaire à angles arrondis. L'inconvénient du chéneau c'est qu'étant au dessus de la maçonnerie de la corniche, tout défaut d'étanchéité a pour résultat des infiltrations dans le mur, infiltrations dont on ne s'aperçoit qu'à la longue et lorsqu'il se manifeste une tache d'humidité sur l'enduit.

84. — Pour masquer le bois du coffrage, on dispose en avant une garniture g en zinc qui s'infléchit pour venir s'arrondir sur l'arête de la corniche. En outre, on recouvre la planche antérieure au moyen d'un chapeau en zinc h qui embrasse également le bord du chéneau et le bord de la garniture g, assurant ainsi la parfaite étanchéité de tout l'ensemble.

La queue du chéneau q s'allonge sur le voligeage et se raccorde par une bande b agrafée sous les tuiles ou les ardoises. (fig. 75).

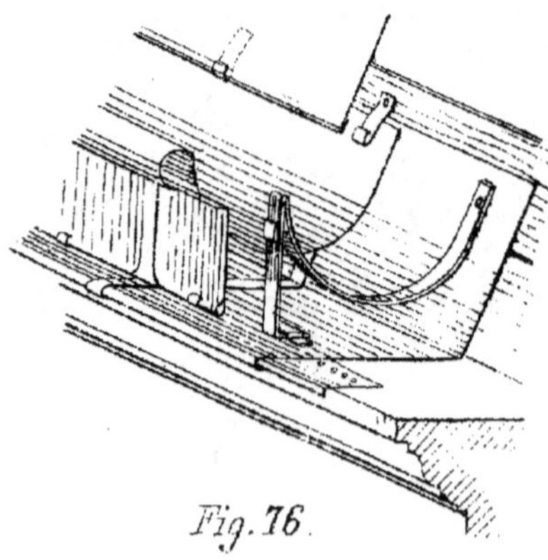

Fig. 76.

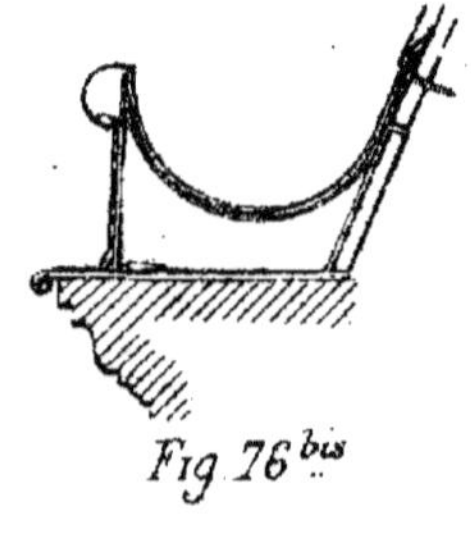

Fig 76 bis

85. — Parfois l'on se contente de poser sur la corniche une simple gouttière demi-cylindrique dont le bord est maintenu par des équerres verticales en feplat faisant corps avec le crochet. Dans ce cas, il est bon de garnir le dessous de la corniche d'une feuille de zinc.

On peut alors se dispenser de placer une garniture servant de masque.

Gouttières et chéneaux en tôle galvanisée ou en fonte.

86. — Le défaut des gouttières et des chéneaux en zinc, c'est leur malléabilité, qui ne leur assure pas toujours une forme régulière ; en outre leurs joints à recouvrement peuvent laisser à désirer et l'on est obligé, en tout état de choses, de leur donner une pente assez forte.

On a remédié à ces inconvénients en fabriquant des pièces parfaitement rigides en tôle d'acier galvanisée ou en fonte mince et en disposant ces gouttières de manière à pouvoir les réunir par des joints de caoutchouc. Le fond de la gouttière est alors continu et sans ressauts.

87. — Nous donnons (fig. 77) le détail d'une gouttière Bigot-Rénaux et de son mode d'assemblage. Un outil spécial permet de maintenir serrées les deux parties de l'emboîtement jusqu'à ce qu'on ait placé le serre-joint en fer S.

Ces chéneaux affectent un grand nombre de formes qui répondent à tous les modes d'emploi.

88. — La pente peut être réduite à 2 millim. par mètre.

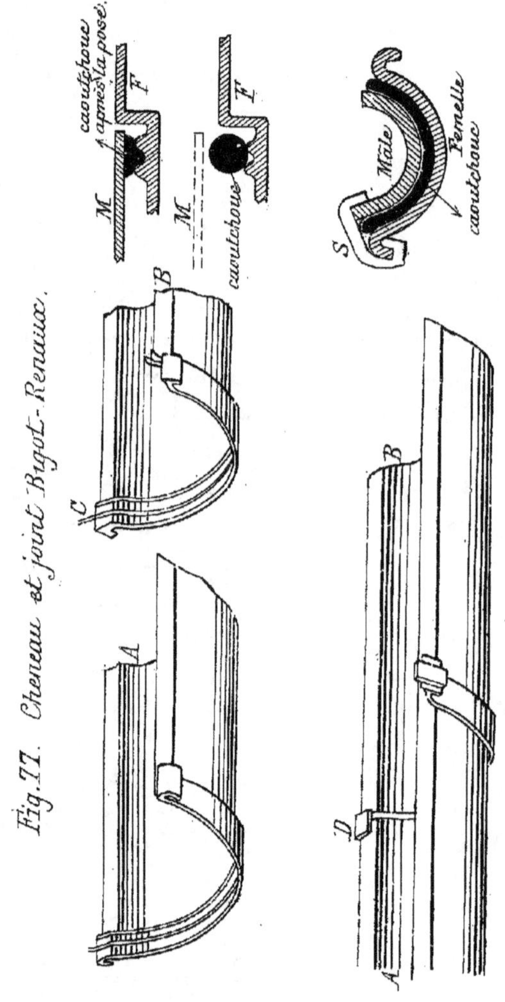

Fig. 77. Cheneau et joint Bigot-Renaux.

avec tuyaux de descente tous les 12 à 15 mètres.

Travaux accessoires de Zinguerie et Plomberie.

89. — Voici quelques données pratiques sur l'emploi de ces chéneaux.

Nos des modèles	Section du canal	Poids par mètre	Prix du mètre	Développement	Débit d'eau par minute	
					théorique	pratique
	cm.	k.	f.	m.	litres.	litres.
1	102	9. "	3.75	0. 33	171	84
4	234	17.42	9.15	0. 44	715	480
6	214	15.84	7.55	0. 40	679	462
8	238	16.83	8.85	0. 425	750	507
10	873	19. "	10.65	0. 51	1366	918
14	418	23.76	11.10	0. 60	1476	996
16	565	25.74	12.66	0. 65	2254	1680
18	647	28.11	13.85	0. 71	2622	1968
20	292	18.61	9.35	0. 47	978	680
27	434	21.38	10.80	0. 54	1658	1242
28	599	26.92	13.60	0. 68	2382	1785
29	433	21.38	10.80	0. 54	1644	1230

90. — Parmi les chéneaux en tôle d'acier, on peut citer les chéneaux Menans qui offrent d'ailleurs une grande analogie avec les précédents.

Gouttières de Brisis. 91. — Quand le comble est mansardé, on dispose parfois un chéneau ou gouttière le long de la panne de brisis. C'est une bonne précaution si l'on veut recueillir les eaux pluviales qui sont souvent conta-

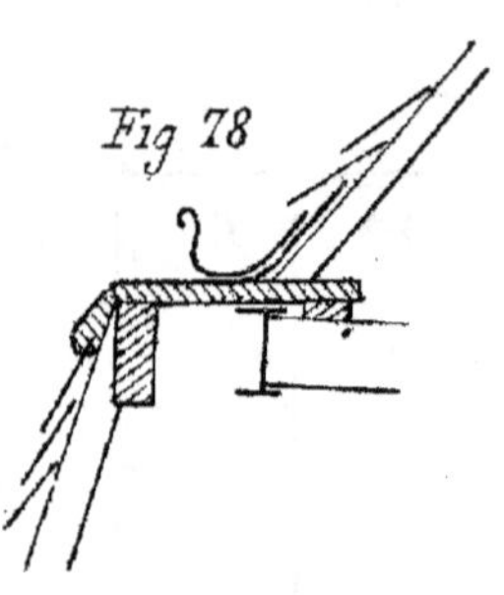
Fig 78

minées par les issues jetées par les baies mansardées dans le chéneau de corniche.

La figure 78 donne un exemple du dispositif qu'on peut adopter alors.

92. — Chéneau de corniche. (Voir la figure 79).

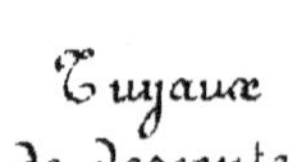

Tuyaux de descente.

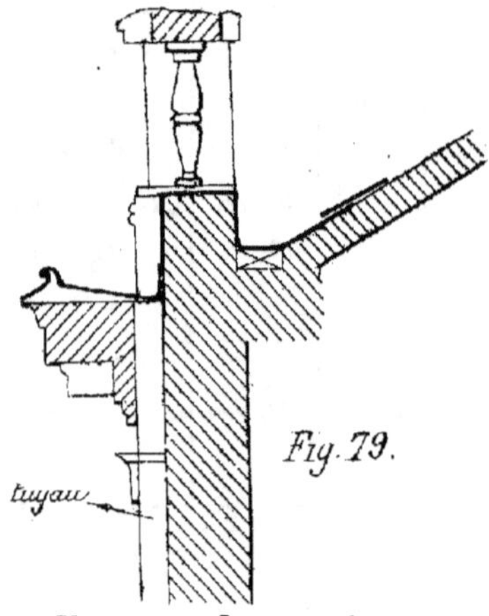

Cheneaux de corniche au pied d'une balustrade.

93. — Les tuyaux de descente comportent tout d'abord un moignon *m*, en zinc soudé au chéneau et engagé dans la colonne verticale qui est formée d'un cylindre également en zinc N° 12 ou N° 14. (fig 81).

Pour éviter que le tuyau soit encombré par les matières solides et les feuilles mortes entraînées par les eaux, on protège l'orifice du moignon dans le chéneau au moyen d'une _crapaudine_ en fil de fer. (fig. 80.).

On évitera aussi l'effet des engorgements en faisant déboucher le moignon, non pas directement dans le tuy-au, mais dans une _cuvette_ qui le surmonte; et il sera toujours bon de placer de petits becs de trop plein, en gar-gouille sur le chéneau. (g.).

Fig. 80.

Crapaudine

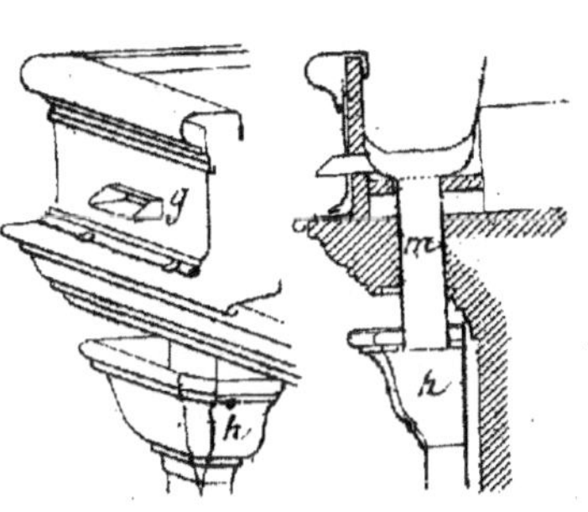

Fig. 81. m. moignon en zinc
g. trop-plein vu de l'extérieur
h. cuvette en zinc.

94. — Enfin, lorsqu'il s'agit d'une gouttière pendante le moignon est courbé de manière à venir retrousser le tuyau qui est placé le long du mur.

95. — Le tuyau est maintenu le long du mur au moyen de _colliers_ en fer scellés. Pour qu'on puisse enlever et remplacer le tuyau sans desceller le collier, celui-ci est en deux parties : la partie antérieure tournant à charnière et étant fixée, à la position fermée, par une clavette ou un petit

Dauphin.

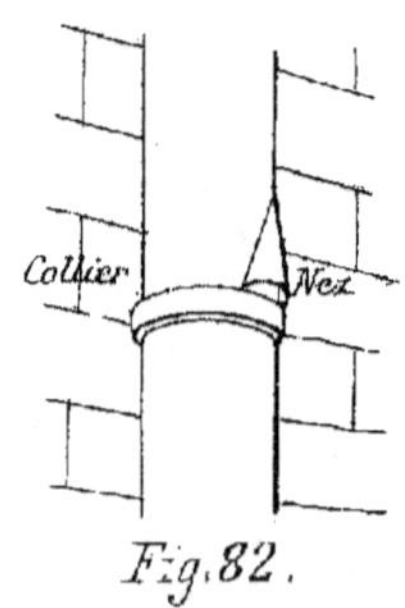

Fig. 82.

Collier

Fig. 83.

Fig. 84.

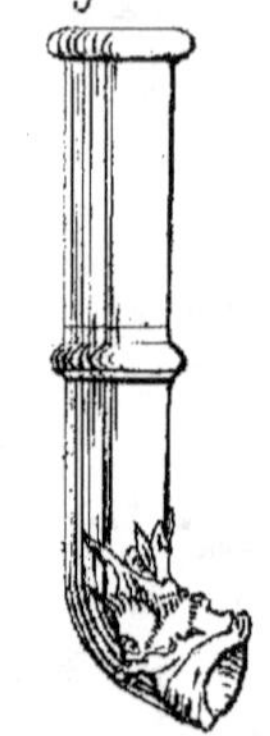

Calcul des Dimensions à Donner aux chéneaux et tuyaux de descente.

boulon.

Pour s'opposer à ce que le tuyau glisse et descende par son propre poids, on l'arrête sur le collier au moyen d'un nez en zinc soudé.

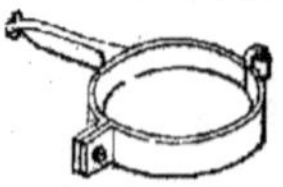

96. — A la partie inférieure du tuyau qui peut recevoir des chocs, on place un dauphin de 1ᵐ00 environ, en fonte. Le dauphin peut se déverser, soit sur le sol, soit dans une conduite horizontale. Dans le premier cas, son bec s'incurve de manière à diriger l'eau horizontalement et à l'éloigner du pied du mur.

97. — Les tuyaux de descente, dans les édifices importants, sont tous en fonte plus ou moins ornée.

98. — Les dimensions des chéneaux doivent être déterminées d'après la quantité d'eau qu'ils auront à évacuer, et cette quantité dépend elle-même de la surface de toiture qui s'y égoutte.

Dans nos pays, le maximum d'eau de pluie tombant par seconde et par mètre carré est :

par pluie ordinaire .... 2 centim. cubes.

par orage excessivement violent ... 34 cm.³ 2

ou 0 litre, 034

Si nous désignons par S la section d'écoulement du chéneau ; par P, le périmètre mouillé ; par I, la pente par mètre ; V, la vitesse d'écoulement, on a pour la vitesse :

$$V = 50 \sqrt{\frac{S}{P} \times I},$$

et pour le débit :

$$Q = V.S.$$

On donne aux gouttières et chéneaux la pente suivante
pour les chéneaux en fonte : I de 1ᵐᵐ,2 à 2ᵐᵐ par-m.
pour les chéneaux en zinc : 5 à 10ᵐ,ᵐ.

Exemple.

99. — Soit un cheneau égouttant 60ᵐ² de toiture en projection horizontale. La quantité d'eau à écouler est de 60ᵐ² × 0ˡ,034 = 2ˡ,04 = Q.

Essayons un chéneau demi-circulaire, diamètre 0,ᵐ20.

$$S = \frac{\pi R^2}{2} = \frac{3,14 \times 1^{dem}}{2} = 1^{dem²},57.$$

$$P = \pi R = 3,14 \times 1^{dem} = 3^{dem},14.$$

Supposons une pente de 0,ᵐ01 par-mètre :

$$V = 50 \sqrt{\frac{1,57}{3,14} \times 0,01} = 3,ᵐ5c.$$

Le débit correspondant sera de :

$$Q = V.S. = 35^{dcm} \times 1^{dcm^2},57 = 5^{litres},49.$$

Cette quantité étant supérieure à celle que peut amener la toiture, la section choisie est suffisante.

Tuyaux de descente

Diamètre intérieur.	Débit en litres par minute.
80 m m.	194 litres.
95 "	273 "
108 "	340 "
115 "	510 "
135 "	834 "
160 "	984 "

100. — Dans l'exemple ci-dessus, si le tuyau de descente reçoit l'apport de deux parties symétriques de chéneaux semblables aux précédents, c'est-à-dire égoutte l'eau de deux surfaces de 60^{m^2} à $0^l,034$ par seconde, le débit devra être au total de $4^{litres},08$ par seconde, soit, par minute : $4,08 \times 60 = 244^{lit},8$. On devra prendre un diamètre compris entre 80 et 95 millimètres, pour le tuyau de descente.

Chapitre VI.

Vitrerie.

Nature du verre. 101. — Le verre est un silicate double de soude et de chaux. La soude peut-être remplacée par de la potasse, et la chaux par de l'oxyde de plomb ; la présence de cette base métallique donne ce que l'on appelle du : cristal.

102. — Le verre à vitre qui nous occupe plus spécialement ici, se fabrique par soufflage ; on obtient ainsi une sorte de bouteille cylindrique dont on enlève d'abord les deux fonds ; puis on coupe, suivant une génératrice, le cylindre qui reste alors, et on le développe sur une surface plane.

103. — Depuis quelques années, et particulièrement pour les verres d'une certaine épaisseur, qu'on appelle des glaces, on procède autrement. La masse vitreuse à l'état liquide est coulée sur une table parfaitement plane. Ce procédé permet d'obtenir des épaisseurs beaucoup plus régulières que par soufflage et dans de très grandes dimensions.

104. — Le verre est une matière dure qui n'est

attaquée par aucun agent chimique, sauf l'acide fluorhydrique, qui sert à le dépolir. Il n'est coupé que par le diamant.

Dimensions commerciales.

105. — Le verre à vitre se vend en feuilles de dimensions variables, mais couvrant généralement une surface de 0^{m2}, 45.

Les mesures commerciales sont les suivantes, en centimètres, la largeur variant de 3 en 3 cm. :

69 × 66	81 × 57	91 × 48	114 × 39
72 × 63	87 × 54	102 × 45	120 × 36
75 × 60	90 × 51	108 × 42	126 × 33

106. — On livre le verre en caisses qui, pour chaque catégorie, en contiennent toujours le même nombre.

Désignation	Epaisseur	Poids moyen au m^2	La Caisse	
			contient feuilles :	couvrant une surface en m^2
Verre simple	1^{mm}, 25 à 2^{mm}, 2	4^k, "	60	27^{m2}, "
— demi-double..	2^{mm}, " à 3^{mm}, "	6^k, 25	40	18^{m2}, "
— double.......	3^{mm}, " à 4^{mm}, "	8^k, "	30	13^{m2}, 50

Verres coulés ;
Verres cathédrale ;
Verres striés.

107. — Les verres coulés sont plus résistants, sous une même épaisseur, que les verres soufflés. Leur principale provenance, ainsi que celle des autres verres spéciaux, est l'usine de St Gobain, dans l'Aisne, et les autres fabriques de la même Compagnie.

On peut laisser brute leur face de moulage, ce qui tamise la lumière et ne permet pas de voir les objets au travers. On a ainsi ce qu'on appelle les _verres cathédrale_, que l'on fait en toutes teintes.

On fabrique aussi des _verres striés_, _cannelés_ ou _imprimés_ d'arabesques.

Les premiers s'obtiennent en grandes dimensions, jusqu'à $3^m,30$ de longueur et $0^m,90$ de largeur; l'épaisseur

Fig. 85.

variant de 3 à 8 millimètres.

En 5^{mm} (épaisseur moyenne), le poids est de $12^k,500$ au $m^{\underline{2}}$.

Les verres cannelés ou unis se font en $4^m,50 \times 1^m,00$.

Plus généralement on se tient dans les limites de $1^m,50$ et $3^m,$ " pour la longueur; $0^m,36$ et $0^m,60$ pour la largeur.

Verre armé.

108. — Enfin, depuis quelques années, M. Appert, le très habile et savant verrier, a introduit dans la fabrication des _verres armés_, c'est-à-dire renfermant dans la pâte un treillis métallique qui leur donne une grande résistance. Ce verre, même lorsqu'il se brise, ne laisse pas tomber ses éclats, ce qui rend son emploi avantageux pour couvrir les toitures.

Mode d'emploi sur châssis.

109. — Sur les châssis de croisées ou de portes, les carreaux de vitres se posent dans des feuillures ménagées généralement vers l'extérieur. Pour les châssis en bois, le carreau est coupé au diamant à la dimension exacte. On le fixe dans la feuillure au moyen de pointes sans tête, dites pointes de vitrier et on recouvre le bord du verre par du mastic qui rejoint obliquement le bord de la feuillure, calfeutre les joints en empêchant l'air et l'eau de passer.

Sur les châssis en fer dont les diverses parties sont soumises à une dilatation notable, il faut qu'à la pose les feuilles de verre laissent un certain jeu avec le fond de la feuillure. On les maintient au moyen de petites cales en bois et de goupilles placées dans des trous qu'on a eu soin de percer à l'avance dans les fers du châssis.

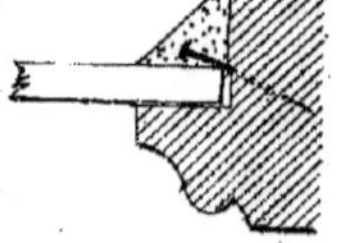

Fig. 87

sur châssis en bois

110. — On coule des tuiles de verre de même modèle que les tuiles courantes en terre cuite et dont la pose se fait de la même manière ; mais nous ne nous occuperons ici que de l'emploi, sur les toitures, des verres en feuilles.

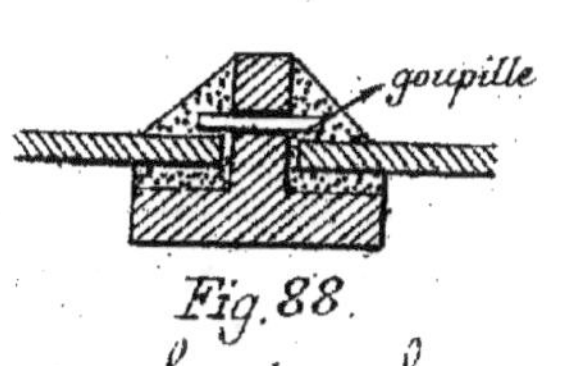

Fig. 88.

sur châssis en fer

Pour éviter les inconvénients de la casse, on emploie le plus souvent du verre demi-double ou double, sinon du verre armé.

Ces verres se posent soit sur des châssis dont le cadre en fonte ou en zinc se raccorde avec les autres matériaux de la couverture, soit directement sur des petits fers à vitrage profilés, reposant eux-mêmes sur les pannes.

111. — On peut mastiquer, comme sur un châssis vertical ; mais le mastic se dessèche à la longue, se gerce et cesse d'assurer l'étanchéité. C'est pourquoi, au lieu d'un profil ordinaire en $\perp$, les fers à vitrage présentent souvent des ailes courbes, formant ainsi des gouttières par où l'eau peut s'écouler.

Les figures 89 indiquent quelques-uns de ces profils et comment on fixe les fers à vitrage sur les pannes.

112. — On a également imaginé différents systèmes de pose sur joints en caoutchouc.

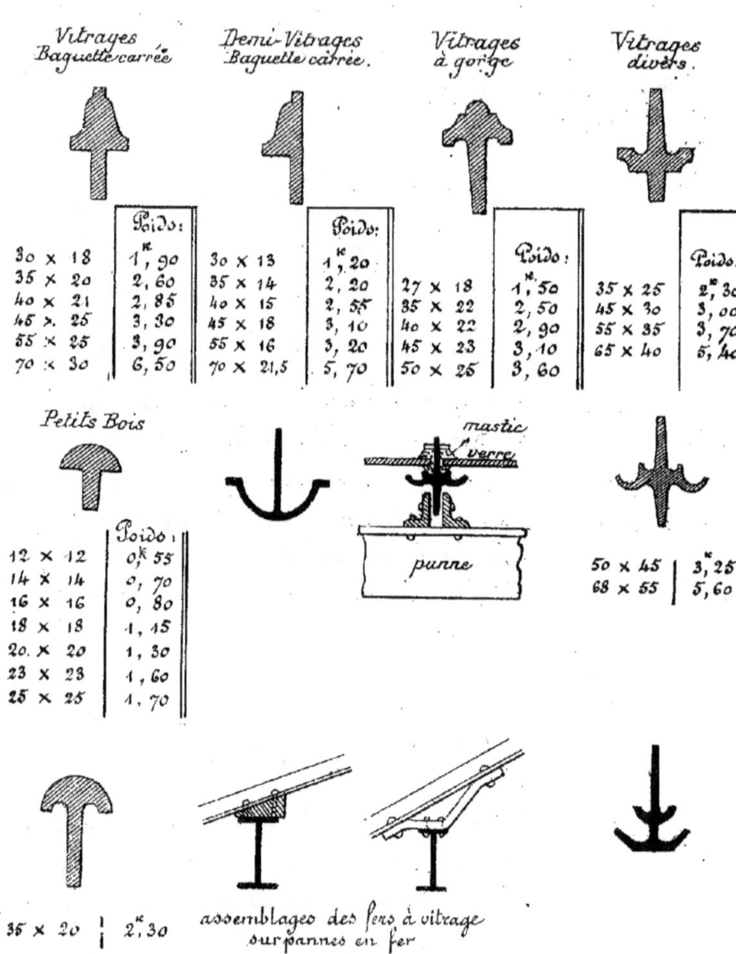

Vitrages Baquette carrée	Poids:	Demi-Vitrages Baquette carrée	Poids:	Vitrages à gorge	Poids:	Vitrages divers	Poids:
30 × 18	1,90	30 × 13	1,20				
35 × 20	2,60	35 × 14	2,20	27 × 18	1,50	35 × 25	2,30
40 × 21	2,85	40 × 15	2,55	35 × 22	2,50	45 × 30	3,00
45 × 25	3,30	45 × 18	3,10	40 × 22	2,90	55 × 35	3,70
55 × 25	3,90	55 × 16	3,20	45 × 23	3,10	65 × 40	5,40
70 × 30	6,50	70 × 21,5	5,70	50 × 25	3,60		

Petits Bois	Poids:
12 × 12	0,55
14 × 14	0,70
16 × 16	0,80
18 × 18	1,15
20 × 20	1,30
23 × 23	1,60
25 × 25	1,70

50 × 45	3,25
68 × 55	5,60

35 × 20	2,30

Fig. 89

113. — Dans le sens longitudinal les vitres n'ayant qu'une longueur restreinte, on peut être forcé d'en dispo- ser plusieurs les unes au dessus des autres, en leur don-

nant un recouvrement, comme s'il s'agissait d'ardoises.

114. — La condensation détermine la formation de buée sur la surface intérieure du verre ; cette buée finit par se réunir en gouttes qui glissent le long de la lame ; s'arrête au bord de la feuille inférieure et tombent dans la pièce, lorsque l'inclinaison est plus faible que $0^m,10$ par mètre. On peut empêcher cet inconvénient de se produire en maintenant une certaine distance entre les deux feuilles au point où elles se recouvrent, de manière à laisser un passage libre pour l'écoulement de l'eau. On intercale alors une petite lame de plomb entre les deux verres avec un intervalle au milieu pour cet écoulement de la buée.

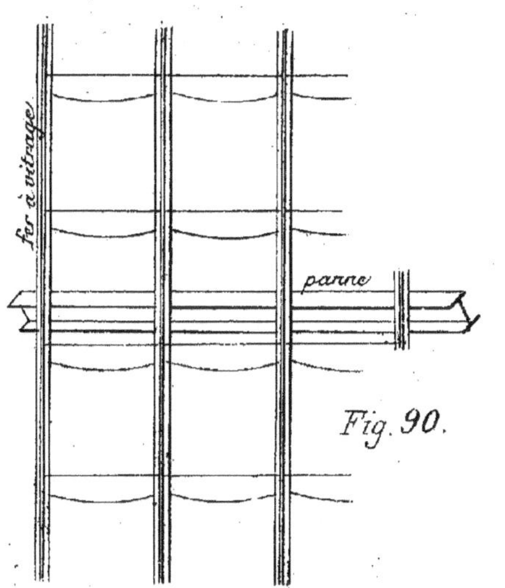

Fig. 90.

Enfin, on coupe l'arête inférieure de chaque lame suivant une légère courbure ; afin que l'eau de pluie suivant l'arête jusqu'au point le plus bas, s'égoutte surtout par le milieu de l'intervalle entre les fers.

Dalles en verre. 115. — Les dalles en verre servent à faire des planchers translucides. Elles se posent sur un cadre en fers à vitrage suffisamment forts pour supporter la charge. On les fait unies ou quadrillées.

Chaque dalle ou pavé a généralement 0,30 × 0,30 avec une épaisseur variant de $0^m,015$ à $0^m,040$. Ces dalles valent, à partir de $0^m,020$ d'épaisseur, 35^f le mètre carré, avec augmentation de $1^f,50$ par mètre carré et par millimètre d'épaisseur au delà de 20.

116. — On fait aussi des pavés plus épais à raison de $0^f,50$ le kilogr, à raison de $2^k,500$ par m^2 et par millimètre d'épaisseur.

Chapitre VII.

Peinture.

117. — La peinture est un enduit que l'on applique sur les surfaces de muraille, ou sur les bois et sur les fers, soit dans un but décoratif, soit dans un but de conservation.

Travaux préparatoires.

118. — Avant l'application de la peinture, les surfaces qui doivent en être revêtues sont soumises à quelques travaux préparatoires :

1.° — Un nettoyage ou époussetage au balai de crin ou à la brosse de crin ;

2.° — Le grattage, lorsque la surface présente des rugosités qu'il faut faire disparaître ;

3.° — Le rebouchage, lorsqu'il y a des trous, des fentes, ou même de simples joints. On bouche les trous sur un mur avec du plâtre ; les nœuds du bois, les fentes ou les joints d'assemblage au mastic à la colle, au mastic à l'huile, au mastic de blanc de céruse ou de blanc de zinc ; sur les nœuds résineux on peut coller une mince feuille d'étain.

Les surfaces de murs doivent d'ailleurs recevoir

au préalable un enduit de plâtre bien uni.

Enfin on peut, pour les ouvrages soignés, passer sur toute la surface un glacis de mastic rendu fluide et siccatif, que l'on ratisse soigneusement.

4° — Le _ponçage_ a pour but d'unir l'enduit ou les premières couches de peinture, surtout si l'on doit appliquer du vernis. Cette opération se pratique au moyen de la pierre ponce, du grès à l'eau ou de papier de verre.

119. — Pour les peintures en réparation sur anciennes peintures, on _lessive_ les surfaces à l'_eau seconde_ (dissolution de potasse dans l'eau); on enlève à l'essence de térébenthine les peintures qui auraient résisté au lessivage ; on gratte, on rebouche et on ponce. Les vieilles peintures à l'huile sont aussi soumises à l'opération du _brûlage_ après imbibition d'essence de térébenthine.

Avant de peindre un plafond lézardé, on colle sur les lézardes des bandes de toile fine.

On doit également enlever la rouille des ferrures avant de les peindre.

Peinture
à la chaux ou
badigeons.

120. — La peinture la plus simple, employée sur des murs, consiste en un _badigeon_ fait au moyen d'une détrempe de chaux dans l'eau (ou l'eau de chaux). On y ajoute souvent un peu d'alun ou de térébenthine pour donner un peu de brillant

au badigeon que l'on peut également teinter en y mélangeant des traces de bleu, de noir de fumée ou d'ocre jaune.

On applique à la brosse.

Peinture à la colle. 121. — *La peinture à la colle*, ou en détrempe, qui ne s'emploie qu'à l'intérieur, se compose de Blanc de Meudon avec un colorant quelconque, broyé à l'eau de rivière et détrempé soit à la *colle forte* chauffée, soit à la *colle de peau*. On doit s'assurer que la surface sur laquelle on l'applique est parfaitement sèche, sans quoi l'humidité produirait des marbrures.

Cette peinture doit être assez fluide pour filer au bout de la brosse. On l'applique souvent sur une première couche d'apprêt ou *encolage*, c'est-à-dire sur une couche de colle.

La dernière couche peut être recouverte d'un vernis à l'esprit de vin.

Peinture à l'huile. 122. — La base de la peinture à l'huile est un mélange d'huile de lin rendue plus ou moins siccative par la cuisson et, soit de blanc de céruse, soit de blanc de zinc.

On y ajoute des matières colorantes (oxydes métalliques, ocres, terres) broyées finement. Au moment de l'emploi, on rend plus fluide, en ajoutant de l'essence de térébenthine sans excès. Enfin, on applique, au moyen de pinceaux ou *brosses* en soie de porc

Blanc de céruse
et
Blanc de zinc.

123. — La céruse ou blanc de plomb, qui est du carbonate de plomb, a été pendant longtemps presque exclusivement employée comme base de la peinture ; mais il se produit aujourd'hui une très vive réaction contre ce produit, en raison de son action néfaste et des intoxications lentes qu'il détermine chez les ouvriers qui sont obligés de le manier. On tend de plus en plus à le remplacer par le blanc de zinc qui est inoffensif.

Cette substitution peut-elle s'opérer sans inconvénient ? Telle est la question et voici en tous cas un parallèle entre ces deux produits.

124. — La _céruse_, poids spécifique : 6,^{k}570, a un pouvoir couvrant supérieur à toute autre peinture et qui est dû probablement à une saponification partielle de l'huile.

Le _blanc de zinc_, poids spécifique : 5,^{k}400, a la réputation de couvrir moins et d'être plus cher que la céruse ; mais il faut s'entendre à cet égard. Il est plus cher à poids égal ; mais, par suite de son poids spécifique plus faible, son volume est plus considérable et, de même, à _poids sensiblement égal_, on peut dire qu'il couvre aussi bien que la céruse.

Voici, en effet, un tableau comparatif des deux peintures :

Désignation.	Composition	Surface couverte	Poids par m² couvert
Céruse en poudre.....	500 gramm.		
Huile...............	250 "		
Total.....	750. gramm.	5 m².	0^k, 150
Blanc de zinc en poudre.....	500 gramm.		
Huile...............	300 "		
Total......	800 gramm.	7 m².	0^k, 114

Toutefois, ce résultat est obtenu en employant la peinture au blanc de zinc un peu moins fluide que celle à la céruse et en couches un peu plus épaisses.

125. — La céruse a l'inconvénient de noircir sous l'action des émanations sulfureuses. Son emploi est donc mauvais dans les lieux d'aisances, par exemple.

Cet inconvénient n'existe pas avec le blanc de zinc.

126. — Celui-ci est livré dans le commerce en cinq qualités : Blanc de neige ou blanc de zinc (N°s 1, 2, 3); Gris pierre ; Gris ardoise.

On le falsifie par l'addition de craie, de magnésie, de kaolin ou de baryte ; ce dernier produit est très lourd et en augmente considérablement le poids.

127. — Les falsifications de la céruse proviennent

Peinture.

de l'addition de sulfate de plomb, de sulfate de chaux (ou gypse), de chaux, etc...

128. — Si l'on ne se résout pas à substituer le blanc de zinc à la céruse, il faut tout au moins prendre dans la manipulation de ce dernier produit des précautions qui sont résumées dans le décret suivant du Ministre du Commerce ; ces précautions sont surtout basées sur ce que les dangers proviennent des poussières de céruse plutôt que de la céruse fixée dans une pâte.

Ce décret est ainsi conçu :

« *Article premier* — La céruse ne peut être employée qu'à l'état de pâte dans les ateliers de peinture en bâtiments.

Art. 2. — Il est interdit d'employer directement avec la main les produits à base de céruse dans les travaux de peinture en bâtiments.

Art. 3. — Le travail à sec au grattoir et le ponçage à sec des peintures au blanc de céruse sont interdits.

Art. 4. — Dans les travaux de grattage et de ponçage humides, et généralement dans tous les travaux de peinture à la céruse, les chefs d'industrie devront mettre à la disposition de leurs ouvriers des surtouts exclusivement affectés au travail, et en prescrivant l'emploi. Ils assureront le bon entretien et le lavage fréquent de ces vêtements.

Les objets nécessaires aux soins de propreté seront mis à la disposition des ouvriers sur le lieu même du travail.

Les engins et outils seront tenus en bon état de propreté ; leur nettoyage sera effectué sans grattage à sec.

Peinture.

Art. 5. — Les chefs d'industrie seront tenus d'afficher le texte du présent décret dans les locaux où se font le recrutement et la paie des ouvriers.

Mode d'emploi. 129. — La peinture à l'huile s'applique en deux ou trois couches; la première est dite: couche d'impression; elle a pour but de remplir les pores de l'enduit, s'il s'agit d'un mur, ou du bois; sa couleur importe peu. On fait quelquefois cette couche d'impression simplement à l'huile cuite, mais il vaut mieux y mélanger de la céruse, du blanc de zinc ou du minium, ou de la litharge. La première couche sur les fers se fait au minium.

130. Les couches suivantes s'appliquent lorsque la précédente est tout-à-fait sèche; il faut éviter de peindre sur une surface mouillée et par conséquent, par temps humide ou par la pluie. Au grand soleil, il peut se produire des ampoules ou bouillonnements.

Rechampis. 131. — Dans la peinture des menuiseries à cadre, lambris, etc., on rechampit souvent les bâtis ou cadres avec une teinte un peu plus foncée que celle des panneaux.

Filets. 132. — Parmi les autres détails de la peinture, on distingue les filets qui sont tracés en ligne droite en suivant une règle.

Siccatifs et dissolvants. 133. — Les huiles employées en peinture sont: les huiles de noix (pour broyer les couleurs foncées) ; les huiles d'œillette (teintes claires et brillantes) ; les huiles de lin.

Par la cuisson, l'huile acquiert des propriétés siccatives, qui résultent de son affinité avec l'oxygène de l'air. Son durcissement exige, ainsi que l'air pénètre toute la couche ; il importe donc que celle-ci ne soit pas trop épaisse.

Une addition de <u>litharge</u> (oxyde de plomb) peut accroître les propriétés siccatives de l'huile ; mais elle modifie la couleur en la brunissant.

L'essence de térébenthine est un dissolvant des corps gras ; elle fluidifie la peinture, facilite l'étendage de la couche et s'évapore pour laisser la peinture sécher.

Vernis.

134. — Les vernis sont des matières résineuses dissoutes ou tenues en suspension dans un liquide. On les étend en couches minces et transparentes. Les vernis se distinguent suivant le liquide qui leur sert de véhicules

Ce sont :

<u>Les vernis à l'alcool</u> ;

<u>Les vernis gras ou à l'huile</u> employés à l'intérieur ;

<u>Les vernis à l'essence</u> ; etc.

Voici, d'après L. A. Barré, une formule de vernis hydrofuge :

Bitume............ 500 grammes;

Benzine .... 150 grammes.
Térébenthine .... 60 id.
Noir de fumée .... 30 id.

Encaustique.

135. — L'encaustique, qui sert à recouvrir et à cirer les meubles ou les parquets, est une dissolution de cire jaune dans de l'essence de térébenthine.

Prix des peintures.

136. — Couche d'impression à l'huile; le m².... 0,35
après impression; ...... par couche.. 0,38
Peinture sur fer ou fonte, au minium; .... le m².... 0,35
Plinthes de $0^m,015$ de large au plus:
à l'huile, 1 couche, compris rebouchage..... 0,09
par couche, en plus: 0, 06
Vernis, par couche: 0, 07

Papiers de tenture.

137. — Dans les appartements, on recouvre le plus souvent les murs au moyen de papiers peints ou papiers de tenture.

Le collage du papier se pratique après qu'on a fait toutes les peintures.

Les murs sont au préalable nettoyés et grattés. Dans les travaux soignés, on commence par appliquer une couche de papier bulle qui préserve le papier de tenture contre les chances de piquage à l'humidité.

Sur les cloisons en bois, on cloue une toile d'emballage ou des bandes de calicot sur les joints, afin d'éviter les déchirures.

Peinture.

La colle employée est de la colle de pâte. — Pour les papiers vernis, on ajoute 8 p. % de dextrine environ.

138. — Le papier de tenture, dit carré, le plus courant, se vend en rouleaux de $8^m,75 \times 0^m,47$ couvrant ainsi 4 mètres carrés.

On livre aussi des papiers grand raisin, de $8^m,00 \times 0,50$.

Les bordures se vendent aussi en rouleaux.

Chapitre VIII.

Travaux de Plâtrerie.

Usages du plâtre. 139. — Le plâtre est parmi les matériaux les plus précieux dans la construction du bâtiment, grâce à ses qualités de prise rapide et de résistance, grâce surtout aux facilités de son emploi. Il se prête aux usages les plus variés; il n'est donc pas étonnant que, dans les régions où il se trouve en abondance — les environs de Paris, par exemple, — on en fasse même un usage immodéré; je veux dire dans des conditions où il n'est pas sans présenter quelques inconvénients.

C'est ainsi que, dans la région parisienne, on emploie le plâtre pour faire des enduits extérieurs, ce qui permet une ornementation facile, puisqu'on y peut pousser aisément des moulures et y appliquer des motifs moulés.

Le plâtre de Paris est de très bonne qualité; en outre, on protège ces enduits extérieurs au moyen d'une bonne peinture, et grâce à ces précautions, ils peuvent durer un certain temps. Néanmoins, la période de vétusté vient vite, surtout si l'on n'entretient pas soigneusement en renouvelant la peinture tous les 3 ou 4 ans et la construction présente alors un aspect lamentable de délabrement.

Travaux de Plâterie.

Les surfaces plâtrées se salissent alors, se boursouflent et se cloquent. Il se produit des fissures et, par ces interstices, l'humidité pénètre, tache l'enduit, ce qui est désagréable à l'œil, mais en outre, traverse la maçonnerie et gagne l'intérieur; ce qui est un mal plus grand. Conclusion : Éviter d'employer le plâtre à l'extérieur.

140. — Pour les travaux intérieurs, au contraire, le plâtre est la ressource suprême. Il se prête au hourdissage des cloisons et des voutes légères, à la confection d'enduits lisses et bon marché, que l'on revêtira de peinture ou de papier-peint; il sert à faire les plafonds et à décorer les appartements au moyen de corniches, d'ornements moulés d'avance et appliqués sur l'enduit.

Enfin, sous forme de stucs et de staffs, il permet une décoration plus riche encore, donnant l'illusion de la sculpture — une sculpture au rabais.

Mode d'emploi.   141. — La prise du plâtre est tellement rapide, surtout quand il est gâché serré, qu'on doit le préparer au fur et à mesure de son emploi. On met de 18 à 30 litres d'eau par sac de 25ᵏ de plâtre.

Le plâtrier se sert d'une truelle en cuivre (la rouille du fer tache le plâtre).

Prix du plâtre ordinaire : 16ᶠ à 17ᶠ les 40 sacs (1000 ᵏ⁵).

Les plâtres plus fins se vendent : plâtre dit "coulé"

Travaux de Plâtrerie.

18,70 le m³ ; le plâtre "au panier" 0,47 le sac, et le plâtre "au sas" (tamisé) 0,52 le sac.

142. Le plâtre se gonfle pendant la prise, ce qui permet de s'en servir utilement pour les scellements.

Corniches et moulures.

143. — Pour pousser un corps de moulures — une corniche, par exemple — on commence par découper un gabarit ou calibre en creux, formé, s'il y a lieu de plusieurs pièces de bois (en bois de hêtre, autant que possible). On biseaute le contour du profil et on le borde d'une feuille de tôle ou de zinc également découpée. Ce calibre est fixé à une tringle normale à son plan et maintenue

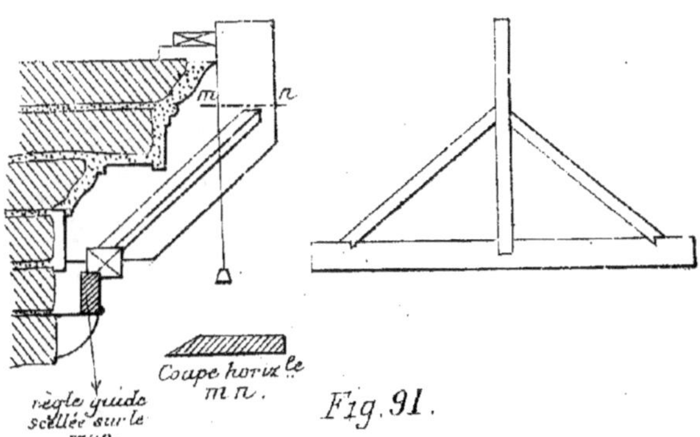

Fig. 91.

par deux étrésillons obliques, le tout disposé pour qu'en faisant glisser la tringle sur une règle fixée le long du mur, le calibre reste toujours perpendiculaire à la moulure qu'il s'agit d'établir.

Travaux de plâtrerie.

Le plâtrier dégrossit alors la moulure en maçonnant ses parties saillantes avec des morceaux de pierres, de briques ou de plâtras hourdés de plâtre. Cela fait, il fouette à la main, ou à la truelle du plâtre gâché assez clair et en quantité suffisante pour qu'en promenant le calibre celui-ci pousse le plâtre en excès devant lui, sans qu'il reste de trous dans le corps de moulure.

On a ainsi ce qu'on appelle une <u>moulure traînée au calibre</u>.

S'il doit y avoir des modillons ou des denticules, on peut les découper avant la prise complète.

Durcissement du plâtre.

144. — On peut augmenter la dureté du plâtre en y ajoutant de la colle et surtout en l'additionnant de 1/16 de son volume d'alun et de 1/16 d'ammoniaque muriatée.

On le durcit superficiellement par une peinture au silicate de potasse, au fluosilicate de potasse ou autres produits analogues dont il existe une grande variété. C'est ce qu'on appelle la <u>silicatisation</u> ou la <u>fluatation</u>.

Plâtre aluné.

145. — Le plâtre aluné ou <u>stuc français</u> se prépare en trempant le plâtre cuit dans une solution d'alun à 2 % et en lui faisant subir une seconde cuisson. On le gâche ensuite avec une solution d'alun.

Stuc.

146. — Le <u>stuc</u> proprement dit, destiné à imiter le marbre pour le revêtement des murs, colonnes, etc..., se prépare de plusieurs manières:

Travaux de Plâtrerie.

Le *stuc à la chaux* est en réalité un mélange, par parties égales, de chaux et de calcaire (marbre ou craie en poudre tamisée) que l'on pose en couche mince sur un gobetage de plâtre. Ce stuc peut s'employer à l'extérieur.

Le *stuc au plâtre* est du plâtre pur gâché avec de la colle forte de Flandre fondue dans l'eau ou de la colle de poisson. On donne au stuc l'aspect du marbre veiné, en y incrustant des filets de plâtre diversement coloré.

Le poli s'obtient par un grésage au grès pilé et au moyen d'une molette en pierre de grès, puis en passant la pierre ponce et enfin la pierre de touche et en achevant avec des chiffons enduits de cire.

L'imitation du marbre blanc vaut à Paris 10^f le m² poli ; les marbres veinés, granits et porphyres, coûtent de 13^f à 18^f.

Carton-pierre et staff.

147. — Le carton-pierre est un mélange de pâte à papier, de colle forte, d'argile, de craie, auquel on ajoute souvent de l'huile de lin.

Le staff, qui sert à former des moulages d'ornements, est composé de craie fine, de plâtre à modeler très fin et d'étoupe. Les ornements sont moulés en faible épaisseur et maintenus par des baguettes de bois formant ossature et ligaturées en fil de fer.

On pose le staff en mouillant un peu les parties portantes que l'on applique sur l'enduit ; on cloue alors à l'aide de pointes galvanisées.

Chapitre IX.

Dallages et Carrelages.

§ 1. — Terre battue.

Aire
en terre battue.

148. — On appelle <u>aire</u> la surface du sol sur laquelle on marche. Il convient de lui donner, dans l'intérieur des bâtiments comme sur les voies et trottoirs qui y donnent accès, une consistance suffisante qui lui permette de résister à l'usure et de ne pas se détremper.

L'aire la plus simple est faite de <u>terre battue</u> ; on l'emploie pour le sol des caves, les hangars servant de remise à un matériel quelconque, etc... On mélange de l'argile et du sable, que l'on met à l'état de pâte consistante en les corroyant avec de l'eau, puis on étend cette pâte sur une épaisseur de 0ᵐ12 à 0ᵐ15 sur le sol réglé de niveau et l'on dame fortement.

On peut remplacer avantageusement le mélange précédent par des recoupes de pierres, des plâtras ou du mâchefer, recouverts d'une couche de sable de 5 à 6 ᵐ/ₘ d'épaisseur. On obtient une sorte de béton maigre, en y ajoutant de la chaux et en brassant le tout au rabot avant de l'étendre.

§. 2. — Aires discontinues.

Dallages.

149. — On fait les <u>dallages</u> proprement dits en pierres plates de 6 à 8 centim. d'épaisseur, taillées et dressées avec soin sur leur face apparente ; les joints sont démaigris. Ces dalles sont posées sur un lit de mortier de 3 cm étendu sur une forme de 5 à 6 centim. de sable ou de plâtras tamisés. Les joints sont garnis de mortier hydraulique ou de ciment.

Nous aurons à parler plus loin des dallages en ciment ou en asphalte.

Carrelages.

150. — On appelle <u>carrelage</u> un revêtement du sol composé de matériaux de petites dimensions, en terre cuite, grès cérame, ciment ou béton aggloméré.

Carreaux en terre cuite.

151. — On peut ranger parmi les premiers, les revêtements en briques, qui sont employés parfois pour les écuries, les ateliers, les caves, etc.

Il convient que ces briques soient de très bonne qualité, bien cuites et presque vitrifiées, et de formes régulières. On les pose à bain de mortier sur forme de sable ou de béton maigre, soit à plat, en 6 centim. d'épaisseur, soit sur champ en 11 centimèt. d'épaisseur. On les place souvent par rangs diagonaux à joints contrariés ou en échiquier (fig. 92).

152. — Le plus souvent, au lieu de briques, on se

Fig. 92.

Carrelages en briques.

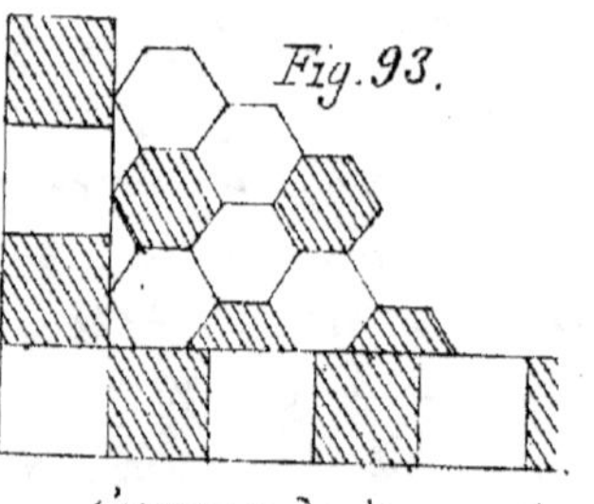

Fig. 93.

Carreaux de terre cuite

sert de carreaux spéciaux, en terre cuite, découpés en polygones réguliers susceptibles de se juxtaposer sans solution de continuité ; triangles, carrés, hexagones octogones, etc...

Les octogones laissent entre eux des espaces carrés qui nécessitent des carreaux de forme et de dimensions correspondantes. En combinant ces formes et les couleurs, on peut varier l'effet et obtenir des dessins agréables à l'œil. (fig. 94.)

153. — Les carreaux destinés à l'intérieur des bâ-

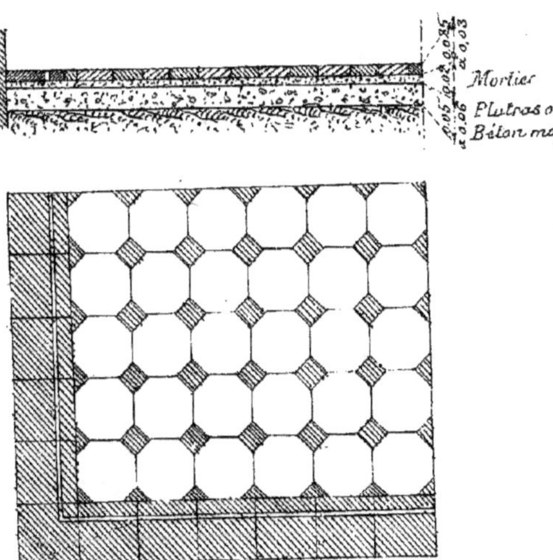

Fig. 94.

timents ont 18, 27 ou 50 millimètres d'épaisseur. On
établit d'abord une forme en sable, en plâtras tamisé
et damé, ou en béton maigre. La pose se fait sur un
lit de plâtre, de mortier bâtard ou de ciment avec des
joints de 3 $^m/_m$. L'alignement est assuré par un cor-
deau tendu. La pose se paie au m², de 0,35 à 0,45.
La dimension des carreaux s'indique par le diamètre
du cercle inscrit.

Tableau :

Désignation	Nombre au mèt. carré	Principales provenances pour la Région de Paris
Hexagones, de 0,22	25	Bourgogne, Massy, Beauvais, Fresnes-les-Rungis, Sannois, Montigny.
—— de 0,152 à 0,16 ...	46	
—— de 0,16 à 0,17	42	
Carrés, de 0,22	21	
—— de 0,20	25	
—— de 0,15 à 0,16	46	

Les carrelages ordinaires valent de 4f,» à 6f,30 le mètre carré.

Carrelages en grès cérame. 154. — On fabrique également des carreaux et pavés en grès cérame, beaucoup plus résistants que la terre cuite ordinaire et susceptibles d'un bel effet décoratif, grâce aux dessins polychromes incrustés dont on les orne.

À citer les carreaux de Maubeuge, ceux de la Maison A. Defrance, à Pont-Sainte-Maxence (Oise); de la Société des Carrelages céramiques de Paray-le-Monial (Saône et Loire).

Fig. 95.

Dallages. Carrelages.

Pris à l'usine, les carreaux unis de 16 x 16 coûtent de 5^f à 6^f,50 par m². Le poids est d'environ 20 à 22^k par centimètre d'épaisseur et par mèt. carré. Les carreaux ordinaires ont 2 à 3 centimèt. d'épaisseur.

Pour l'extérieur, on fait des carreaux de 5 à 6 centimètres, striés ou quadrillés qui se posent au ciment sur forme de béton. (fig 96).

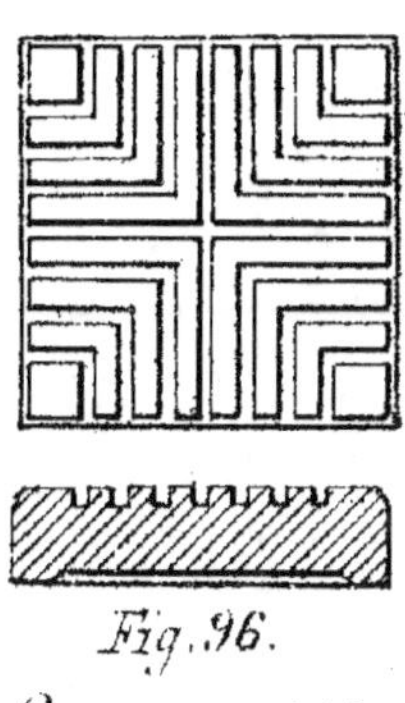

Fig. 96.

Carreaux striés

§. 3. — Aires continues.

Dallages en ciment.
155. — Dans un grand nombre de cas, il y a un réel avantage, parfois même une véritable nécessité, à constituer sur le sol une aire continue imperméable, c'est-à-dire ne présentant aucun joint où l'eau puisse s'infiltrer.

Tels sont les sols d'ateliers, d'écuries, les trottoirs et les chaussées.

On pratiquera alors un dallage en ciment ou en asphalte dont l'épaisseur totale variera, suivant la destination et le degré de résistance qu'on veut donner à ce revêtement, de 8 à 15 %.

156. — On devra, dans tous les cas, établir une

Dallages. Carrelages.

couche de fondation en béton maigre sur le sol dressé à la pente voulue et fortement damé.

Ce béton, brassé avec peu d'eau, aura 5 à 8 centim. d'épaisseur et sera composé de :

graviex : 5 à 8 (en volume).

ciment : 1.

Avant qu'il ait fait sa prise complète, on étendra un enduit de 2 à 3 cm. en mortier de ciment à prise lente, composé par parties égales de ciment et de sable fin tamisé, des grains de sable de grosseur inégale pouvant occasionner une usure irrégulière. On dresse à la spatule en se guidant au moyen de règle indiquant le niveau exact. On dame ensuite fortement.

Pour éviter des fissures ou les limiter tout au moins, on trace des lignes de moindre résistance au moyen d'une molette en fer. et l'on promène sur la surface un rouleau parsemé de saillies en pointes de diamant, qui donne à l'enduit l'aspect d'un parement bouchardé. L'outil dont on se sert s'appelle une <u>boucharde de cimentier</u>.

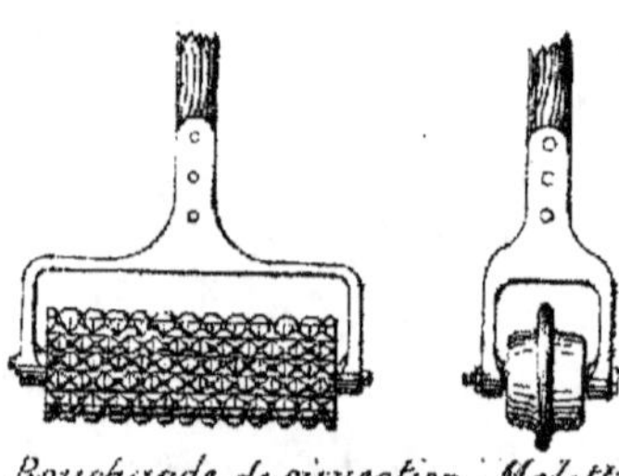

Boucharde de cimentier Molette
Fig. 97.

Dallages. Carrelages.

157. — Épaisseurs courantes :

	Béton.	Enduit ou Chape.
Dallages intérieurs	6 à 8 $^c/_m$.	2 $^c/_m$.
— d^i — extérieurs	10 ^{cm}.	2 à 3 $^c/_m$.
Sur chaussées pour voitures	12 à 15 $^c/_m$	4 à 6 $^c/_m$.

158. — Pour que la prise du ciment s'effectue dans de bonnes conditions, il importe que la surface de l'enduit soit soustraite à l'action solaire et maintenue en état constant d'humidité. Pour cela on la recouvre de quelques centimètres de sable et l'on arrose fréquemment.

Autre méthode..

159. — On peut opérer un peu différemment lorsqu'il s'agit d'un dallage un peu épais pour chaussée destinée au roulage.

Le béton est plus riche en ciment (250 ^{k} au m. cube). Aussitôt après son épandage, on le dame fortement jusqu'à ce que le ciment reflue à la surface, où il est réglé à la spatule, comme s'il s'agissait d'un enduit spécial.

Dans ce procédé, le classement des matériaux se fait mieux ; le béton est d'autant plus gras qu'on s'approche de la surface et l'enduit fait mieux corps avec lui.

Aires en asphalte ou mastic bitumineux.

160. — L'asphalte est un produit naturel résultant de l'imprégnation d'une roche calcaire par du bitume, dans de certaines conditions de température

et de pression.

Les principaux gisements d'asphalte pour l'Europe occidentale sont ceux de Seyssel (Ain).

En mélangeant l'asphalte naturel avec du bitume on forme des mastics asphaltiques. Ce mélange se fait en plaçant d'abord le bitume dans de grandes chaudières en tôle chauffées entre 175° et 230°, où l'on projette de l'asphalte pulvérisée. La proportion est de 15 à 19% de bitume. On coule le mastic chaud dans des moules enduits d'argile pour éviter l'adhérence et l'on obtient ainsi les pains cylindriques aplatis pesant 25 ^{k}, qui sont livrés au commerce.

Mastic artificiel

161. — On peut également fabriquer un mastic artificiel comprenant :

Ardoises pilées ou craie (Blanc de Meudon) : 75 parties.
Brai de gaz ou bitume artificiel .... 25 — d:—.

Analyse

162. — Le sulfure de carbone est un dissolvant du bitume et offre le moyen d'analyser un échantillon donné d'asphalte.

Aires de trottoirs. Asphalte coulé.

163. — Pour les revêtements de trottoirs et les chapes hydrofuges sur les voûtes, on emploie du mastic asphaltique mélangé de gravier ou de sable qui lui donne une plus grande résistance au frottement et diminue le ramollissement de l'aire à la chaleur.

On chauffe ce mélange dans les chaudières en tôle et on le coule sur une aire de sable ou de béton maigre.

Pallages. Carrelages.

164.— On peut également employer un mastic composé de :

      Bitume............... 7^{k}, 500.
      Asphalte........... 90, »
      Huile de résine..... 2, 500
      Sable fin et pur...... 50, »

165.— Sur la surface, on répand du sable fin à la volée et l'on frappe avec une batte en bois.

Aires de chaussée. Asphalte comprimé. 166.— L'invention du procédé de dallage dit : de l'asphalte comprimé a constitué un très grand progrès, en permettant d'établir des revêtements d'asphalte sur les chaussées les plus fréquentées.

Voici en quoi il consiste :

On commence par établir une couche de fondation de 15 à 20 cm. en béton de ciment à prise lente, gâché serré et ainsi composé :

      Sable de rivière :..... 5 parties.
      Cailloux lavés :..... 3 — » —
      Ciment :............ 1 — » —

On pilonne fortement et on laisse sécher.

L'asphalte pulvérisé finement est chauffé dans des appareils rotatifs analogues aux brûloirs de café et disposés de manière à laisser échapper les vapeurs qui se dégagent pendant le chauffage. La température est poussée jusqu'à 110° ou 140° suivant la richesse de l'asphalte qui est retiré du brûloir à l'état pulvérent, transporté dans des wagonnets en tôle, repris en brouette et étendu au râteau sur une épaisseur uniforme de 9 ^{cm} environ qui, une fois le tassement opéré, se réduira à 6 ^{cm}.

Ce tassement est obtenu par un pilonnage énergique au moyen de pilons en fonte chauffés pour éviter l'adhérence. Ce pilonnage a pour effet de souder les grains d'asphalte en une masse homogène ; il convient de dire que la compression s'exerce surtout à la surface et y forme une pellicule très résistante mais assez mince, en sorte que, lorsque, par suite de l'usure, cette pellicule a disparu par place, la masse intérieure se désagrège très aisément.

L'opération se termine par un lissage effectué au moyen de grands fers à repasser chauffés au rouge sombre.

La couleur du revêtement est alors celle du palissandre verni. On saupoudre la surface de sable fin et l'on passe un rouleau de 400 à 500 ^{k} et de 0^{m},70 à 0^{m},80 de large.

167. — Malgré leurs grands avantages, les revêtements en mastic bitumineux et en asphalte comprimé ne laissent pas de présenter des inconvénients qui ont empêché la généralisation de leur emploi.

Ils sont glissants, s'usent vite, se ramollissent à la chaleur et sont attaqués par les acides et les corps gras, ce qui amène la rapide destruction des caniveaux servant à l'écoulement d'eaux toujours impures.

Granit-asphalte…

Granit-asphalte
et
Asphalte armé. (1)

168. — Depuis quelque temps, un nouveau produit dérivé de l'asphalte et qui ne présente pas les inconvénients que nous venons d'énumérer, s'est introduit dans la pratique des travaux et a fait l'objet de nombreuses applications, notamment pour le pavage des cours d'arrivée ou de départ des grandes gares, à Paris, de certaines rues en pente où le glissement était particulièrement à craindre, des salles d'entrée de stations du Métropolitain où la circulation est particulièrement intensive, des bouilloteries sur les lignes ferrées et des halles à marchandises où le sol doit résister aux acides et aux graisses.

Ce produit se prête également au dallage des trottoirs et des écuries, à la confection des caniveaux, etc.

La base de ce procédé repose sur l'emploi du granit-asphalte résultant de la combinaison, dans certaines conditions de température et de tour de main, d'asphalte naturel et de matières minérales, en particulier de sables granitiques, dont la présence est indispensable, si l'on veut réaliser les qualités requises. Cette opération a pour résultat une modification profonde des propriétés physiques et chimiques de l'asphalte naturel, modification accusée par les qualités nouvelles communiquées au mélange.

Celui-ci offre : 1º — une grande résistance à l'usure, constatée par les essais pratiqués au Laboratoire de l'École des Ponts et Chaussées et qui classent ce produit, à ce

---

(1). La Cie de l'Asphalte armé a son siège 21, Rue de Rocroy, à Paris.

point de vue, sur le même rang que le grès dur de Fontainebleau ;

2° — Une grande résistance au glissement constatée par des expériences nombreuses, notamment sur des rampes de 3%, et sur une allée entourant l'usine Clément et servant aux essais d'automobiles en vitesse ;

3° — Il n'est pas attaqué par les acides et les corps gras, ce qui résulte d'expériences directes et a permis de l'appliquer dans les halles de marchandises de chemins de fer et pour les caniveaux ;

4° — Enfin, le granit-asphalte ne se ramollit pas à la chaleur.

Trottoirs et Dallages.

169. — Coulé en nappe de 15 à 20^{mm}, le granit-asphalte constitue de bons dallages et des revêtements de trottoirs.

Revêtements de chaussées.

170. — Pour les revêtements de chaussées de rue ou du sol d'écuries, il convient de donner plus de masse et d'épaisseur, ce que l'on obtient par le procédé suivant qui constitue ce qu'on a appelé l'asphalte armé.

Sur une forme de béton maigre de ciment, on étend une couche mince de bitume sur laquelle on vient poser, côte à côte, des plaques ordinairement préparées à l'usine et formées par des pyramides de granit collées sur une lame de bitume : ces plaques constituent l'armature.

On coule alors sur cette armature (qui peut d'ailleurs être faite sur place) une couche de granit-asphalte

qui pénètre dans tous les intervalles et se soude au bitume servant de base. La couche de granit-asphalte
recouvre la pointe des pyramides de 15 à 20 m.m. et forme,
avec les pyramides, un bloc complet dont tous les éléments sont solidaires.

Épaisseur.

171. — L'épaisseur totale varie, suivant la résistance nécessaire, de 4 cm. pour les voies ordinaires, à
7 cm. pour les rues très fréquentées.

Réparations.

172. — Lorsque, par suite de l'usure naturelle,
d'ailleurs très lente et régulière, on voit apparaître la
pointe des pyramides, il y a lieu de faire un rechargement d'entretien ; mais ce rechargement ne nécessite,
en aucun cas, la réfection du dallage sur toute son é-
paisseur ; il suffit de verser une nouvelle couche de
granit-asphalte qui, grâce à sa haute température,
ramollit la couche existante et se soude à celle-ci
sous aucune solution de continuité. La réparation
est donc peu coûteuse et assez rapide pour qu'on la
pratiquant la nuit il n'en résulte aucun arrêt de
la circulation.

**Autres
applications ;
Marches
d'escalier.**

173 — Le granit-asphalte a donné lieu à une
application spéciale qu'il est bon de mentionner, pour
l'établissement des escaliers du Métropolitain qui,
établis d'abord en pierres de verre, s'usaient rapidement et devenaient glissants, au point de présenter
un véritable danger. Les marches primitives ont été

remplacées par des dalles en granit - asphalte préparées d'avance et coulées sur une armature formée par une grille légère en fer plat. Le nez de la marche est bordé d'un fer plat de 8 m.m. d'épaisseur ne présentant ainsi qu'une surface de glissement négligeable.

Il y a là un procédé intéressant, tant pour la construction d'escaliers neufs (lignes nouvelles du Métropolitain) que pour la réparation d'escaliers anciens, en pierre ou en bois, dans les bâtiments très fréquentés (usines, casernes, etc...)

Dans un des modèles usités, le nez de marche est amovible et peut être remplacé lorsque l'usure le réclame.

174. — Ces dallages coûtent, non compris la forme en béton :

Trottoirs : épaisseur : .... $\dfrac{15^{m.m.}}{4^f,50}$ $\dfrac{20^{m.m.}}{6^f,\;}$
Le m². : prix : ....

Chaussées : épaisseur : ... $\dfrac{40^{m.m.}}{12^f.\;}$ $\dfrac{70^{m.m.}}{16^f.\;}$
Le m². prix : ....

§.4. — Pavages en grès. — Pavages en bois.

175. — Nous serons très bref au sujet des pavages en grès [1] qui se composent de pavés présentant une

---

(1). On emploie également des pavés très durs en porphyre de Belgique, en arkose de Saône et Loire et en granit des Vosges.

Pavages. Carrelages.

face vue rectangulaire ou carrée, avec des pans légère=
ment démaigris vers la queue.

Dans cet état, la tête présentant une surface à
peu près plane, les pavés sont dits épincés.

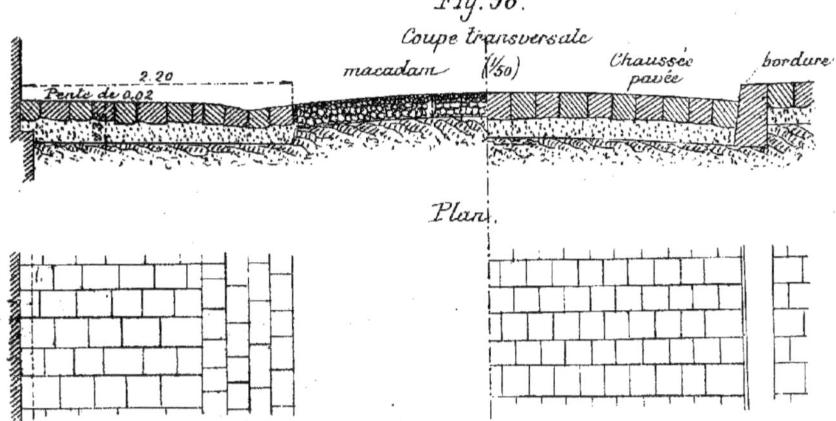

Fig. 98.
Coupe transversale

Leur tête mesure de 10 à 20^{cm} de côté. La longueur
de queue varie de 0^{m}12 à 0^{m}20; elle a généralement 0^{m}15.

On pose ces pavés sur forme de sable de 10 à 15^{cm};
à bain de mortier pour les caniveaux et le sol des écuries.

La figure 99 montre les outils en usage : le marteau de paveur et la hie, qui sert à damer les pavés.

176. — Le prix des pavages en grès sur sable est
de 10^f,50 le m².

Sur forme en béton, il atteint 15 à 20 fr.

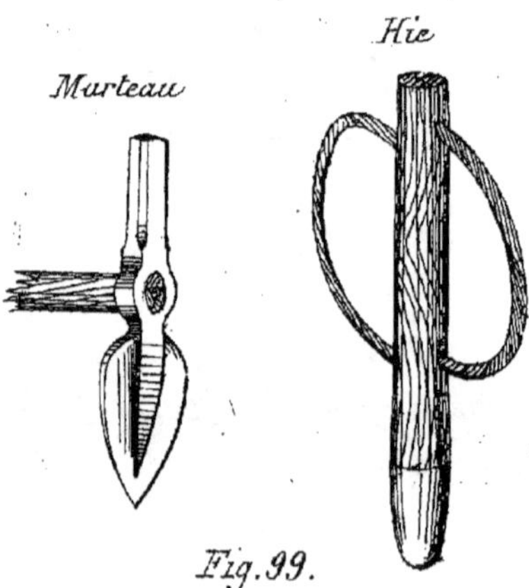

Fig. 99.

Pavés de bois. 177. — Depuis quelques années on a fait un large emploi, dans les grandes villes, du pavage en bois qui semblait réaliser toutes les qualités d'un pavage idéal. Il n'est pas sonore, ni cahotant comme le pavé de grès; il offre une surface régulière de roulement, etc.

Sur une forme en béton de ciment (1 de ciment, 5 de cailloux) de 10 à 15 ^{cm} d'épaisseur, on arase au moyen d'un enduit de ciment de 2 ^{cm} (1 de ciment, 2 de sable). Quand cet enduit est sec, ce qui exige une huitaine de jours, on place les pavés qui sont des parallélipipèdes en bois debout résineux (22 × 8 ; ép. 20 à 22 ^{cm}), en ménageant les joints au moyen de petites tringles. Les pavés étaient au début injectés de coaltar ou de créosote, mais on se dispense généralement de cette sujétion à l'heure actuelle.

Dallages. Carrelages.

On achève l'opération en remplissant les joints de 12 $^{m.m.}$ avec du mastic bitumineux, ou plus simplement avec un mastic de coaltar et de sable.

Prix du pavé de bois.

178. — Le pavé de bois coûte, au minimum, 18,^{f}50 le m², y compris la forme en béton, ainsi décomposé :

$$
\begin{aligned}
&\text{forme en béton} \dots\dots \quad 4,^f50 \\
&\text{achat des pavés} \dots\dots \quad 12, \text{ »} \\
&\text{pose} \dots\dots\dots\dots\dots \quad 1,80
\end{aligned}
$$

Inconvénients.

179. — Le pavé de bois, très agréable lorsqu'il est neuf, présente de nombreux inconvénients :

a). — Il est anti-hygiénique car, non seulement ses joints recueillent les poussières et les liquides sales, mais ceux-ci pénètrent dans les pores du bois ;

b). — L'usure est irrégulière, car les pavés sont hétérogènes et s'usent inégalement, ce qui produit rapidement des flaches ;

c). — Les réparations sont fréquentes et nécessitent la réfection totale de la chaussée, ce qui interrompt la circulation pendant un assez long temps et transforme les rues de Paris notamment en un chantier où l'on pave et dépave constamment ;

d). — L'entretien, par suite, coûte très cher ;

e). — Le gonflement du bois produit une poussée

Dallages. Carrelages.

énorme sur les bordures de trottoir, poussée qui se manifeste par les boursoufflures que l'on peut constater
sur l'asphalte des trottoirs.

Entretien des
différents genres
de chaussées.

180. — On peut résumer ainsi les dépenses annu-
elles d'entretien des différents genres de chaussées à
Paris, au m^2. :

Chaussées macadamisées .... 5,00 ^{f}.
——— pavées en bois .... 2, 50.
——— ——— en grès .... 1, 25.
——— ——— en asphalte comprimé .. 1 , 25.
——— ——— en asphalte armé ... 0,75 à 1, 00.

Table des Matières.

7ème Partie.

Couverture, Vitrerie, Peinture.

Chapitre 1er.
Couverture des Bâtiments.